KB057213

프로와 함께하는 일본 가정식

일러두기

- 모든 각주는 옮긴이의 주입니다.

프로와 함께하는

일본 가정식

아베 쓰카사 지음 | 다카코 나카무라 요리 | 정문주 옮김

시그마북스
Sigma Books

프로와 함께하는
일본 가정식

발행일 2022년 7월 25일 초판 1쇄 발행
지은이 아베 쓰카사
요리사 다카코 나카무라
옮긴이 정문주
발행인 강학경
발행처 시그마북스
    Sigma Books
마케팅 정제용
에디터 최윤정, 최연정
디자인 김문배, 강경희

등록번호 제10-965호
주소 서울특별시 영등포구 양평로 22길 21 선유도코오롱디지털타워 A402호
전자우편 sigmabooks@spress.co.kr
홈페이지 http://www.sigmabooks.co.kr
전화 (02) 2062-5288~9
팩시밀리 (02) 323-4197
ISBN 979-11-6862-056-8 (13590)

SEKAIICHI OISHII *"PURONO TENUKI WASHOKU"* ABE GOHAN
by Tsukasa Abe, Takako Nakamura
Copyright ⓒ 2021 Tsukasa Abe
Photographs ⓒ Nao Kagawa
All rights reserved.
Original Japanese edition published by TOYO KEIZAI INC.

Korean translation copyright ⓒ 2022 by Sigma Books
This Korean edition published by arrangement with TOYO KEIZAI INC., Tokyo,
through EntersKorea Co.,Ltd., Seoul.

대충해도 '프로의 맛'
놀랄 만큼 쉽고 빠르게
일식을 만들 수 있다!

'마법 양념'만 있으면 순식간에 제대로 완성!

'일식'은 어렵다?

『인간이 만든 위대한 속임수 식품첨가물』이라는 책을 쓴 지 15년 남짓 시간이 흘렀다.

우리가 매일 먹는 음식에 얼마나 많은 식품첨가물이 들어가는지, 그리고 그것이 어떻게 음식문화를 갉아먹는지를 고발하는 내용이었다. 저자인 나도 놀랄 만큼 큰 인기를 얻은 이 책은 판매 부수 70만 부를 돌파하며 베스트셀러가 되었고 지금도 출판되고 있다.

책이 뜨거운 호응을 얻자 나는 강연회, 식생활 교육 관련 세미나에 불려 다니느라 전국을 돌아다니게 되었다.

가는 곳마다 아이를 키우는 부모님들은 똑같은 질문을 던졌다. **"그럼 뭘 먹어야 하죠?" "저는 둘째치고 아이에게는 뭘 먹여야 하나요?"**

그에 대한 내 답은 늘 같았다.

"일식이죠. 직접 만든 지극히 평범한 일식을 먹이세요."

몇 번이나 그렇게 답했는지 모르겠다.

그런데 그 대답에는 꼭 이런 말이 따라 나왔다. **"일식은 만들기가 번거로워서요⋯⋯."**

'육수 내는 방법을 모르겠다', '설거짓거리가 많아 뒷정리가 힘들다', '식단 짜기가 어려울 것 같다', '양념의 기본을 모르겠다'라는 소리도 정말 많이 들었다.

그때 알았다. **"요즘 사람들은 집에서 '손이 많이 가는 음식'을 만들지 않는다"**는 사실을 말이다.

'지극히 평범한 일식을 해 먹어라'는 내 말은 답이 되지 못한 것이다. 이 일은 내게 적지 않은 충격을 안겨주었다.

"주먹밥이 이렇게 맛있는 음식이었구나."
따뜻한 주먹밥을 처음 먹어본 아이

넣기만 하면 척척 완성되는 온갖 '소스'와 '레토르트 혼합 조미료'가 넘쳐나고, 밖에서 사 와서 집에서 차려 먹는 '반 외식 반 집밥'용 완성품 반찬이 날개 돋친 듯 팔리고 있다.

유명 요리 연구가도 '육수용 소스'나 '화학조미료(감미료)'를 이용한 레시피를 당당히 선보이는 시대다.

한 번은 어린이집에서 식생활 교육 강좌를 하다가 충격적인 장면을 목격했다.

다섯 살 난 한 아이가 강좌에서 만든 '가다랑어포 주먹밥'을 먹고는 **"주먹밥이 이렇게 맛있는 음식이었구나"**라고 감동했는데, 그 모습을 본 보육교사가 "다행이다!"라면서 아이를 끌어안고 울었던 것이다. **그 아이는 '직접 만든 따뜻한 주먹밥'을 난생처음 먹어보았다**고 했다.

주먹밥, 미소국 같은 음식마저 집에서 손수 만들지 않고 편의점 등에서 파는 제품으로 대신하는 현실을 실감했다. 이제는 '지극히 평범한 일식'이 어렵다는 이유로 일상적으로 만들어 먹지 못하는 음식이 된 것이다.

직접 레시피 개발에 나선 이유

"이래서는 정말 큰일이다……."

위기감을 느낀 나는 직접 레시피를 개발하기로 마음먹었다.

그렇지만 예전처럼 시간과 정성을 들여야 하는 방식이라면 그 누구도 관심을 보이지 않을 게 뻔했다. 시간과 정성을 들이면 당연히 맛있는 음식이 만들어지겠지만, '전문가의 노하우'라면 모를까 가정 요리에는 적합하지 않은 방식이니 말이다.

어떻게 하면 '대충해도 제대로 된 맛을 재현할 수 있을지'가 핵심이자 최대 난제였다.

하지만 내게는 '비밀 무기'가 있었다. 다름 아닌 내 '혀'다.

나는 한때 식품 첨가물 수입, 개발 회사의 잘 나가는 영업사원이었다. 그리고 그 이야기는 『인간이 만든 위대한 속임수 식품첨가물』에 자세히 쓴 바 있다. 당시에는 첨가물뿐 아니라 '첨가물을 이용한 가공식품'까지 개발해 간판 상품으로 판매했다.

총 300개 넘는 품목을 시장에 선보였고 '진한 육수', '업소용 조림', '소금 · 후추 배합 조미료' 등 크게 히트 친 상품도 많았다.

그런 제품을 개발할 때는 우선 **고급 음식점을 돌아다니며 먹어본 뒤 그 맛을 혀로 기억하거나 유명 요리 연구가의 레시피를 연구해서 철저하게 '내 혀'로 '맛의 구성'을 분석**한다.

그런 다음 그 '맛의 비밀'을 하나하나 '첨가물로 대체'한다.

그렇게 하면 값싼 재료를 써도 첨가물을 이용해 훌륭한 맛을 낼 수 있기 때문에 10분의 1 가격으로 상품을 만들 수 있다. 일례로 햄버그스테이크 따위는 한 개에 6엔으로 만들었다.

내 손으로 '일본 음식문화의 붕괴'를 도운 셈이니 지금은 지우고 싶은 과거로 남았지만, 그때의 경험이 도움이 되었다. **'맛의 구성', '레시피의 핵심'을 완벽히 아는 덕에 하나하나 '집에서 만들 수 있는 맛'으로 바꿀 수 있었으니** 말이다.

그리하여 개발한 것이 이 책에서 제안하는 다섯 가지 '마법 양념'과 그것을 이용한 다양한 레시피다. 『인간이 만든 위대한 속임수 식품첨가물』 때 편집장이 '마법의 불고기 소스'(34쪽)를 극찬했는데, 이것도 내가 **고급 음식점에서 먹었던 불고기 양념 맛을 내 '혀'로 낱낱이 분해한 뒤 다시 조합해낸 것**이다.

이 책의 편집자가 감동한 '일본식 햄버그스테이크'도 마찬가지다. 보통 햄버그스테이크를 만들 때는 '빵가루'를 쓰는데 나는 빵가루 대신 밀기울을 이용한 레시피를 선보였다. **밀기울을 쓰면 수분을 더 잘 흡수하므로 냉동 패티를 만들었을 때 물기가 덜 생겨 미리 만들어둬도 맛있기 때문이**다. 시판되는 빵가루에서 자주 볼 수 있는 식품첨가물도 섭취할 일이 없다. **이 책에는** 바로 그런 **'식품 전문가'의 기술까지 충분히 소개되어 있다.**

'쉽게 만들어도 전문가 수준의 맛을 낼 수 있다'는 것이 이 책에 소개한 레시피의 최대 장점이다.

식품첨가물의 속임수에 기대지 않고도 전문가 수준의 '진짜 맛'을 낼 수 있는 **'세상에서 가장 맛있고 간단한 일식'**이라고 자부한다.

다섯 가지 '마법 양념'이란?

이 책에서는 다섯 가지 '마법 양념'을 쓰는데 그렇게 이름 붙인 데는 이유가 있다. 이것만 준비해두면 누구나 놀랄 만큼 쉽게, 실패 없이 맛있는 '일식'을 만들 수 있기 때문이다. 이른바 **'무첨가 +초스피드 일식'**을 만들 수 있다는 말이다.

그 다섯 가지는 다음과 같다.

❶ 만능 간장
❷ 미림술
❸ 단 식초
❹ 단 미소
❺ 양파 식초

이는 나의 **48년 업계 경험을 녹여 만들어낸 '자랑스러운 황금비율 양념'**이다.

이 **'마법 양념'은 넣기만 해도 정성이 많이 들어간 듯한 미묘한 맛과 오랜 시간 조리한 듯한 깊은 풍미를 낼 수 있다**는 것이 최대 장점이다.

게다가 **모두 10분 이내에 준비할 수 있고 보관도 가능하다.**

이 다섯 가지 '마법 양념'만 있으면 일식은 단숨에 '초스피드 음식'으로 변신한다. 바쁠 때도 맛 좋고 몸에 좋고 배부른 '진짜 음식'을 만들 수 있는 것이다. 이른바 **'궁극의 인스턴트 일식'**이다.

또 냉장고에 있는 재료로 뚝딱 만들 수 있으니 **굳이 새로 장을 보지 않아도 되고 '남는 재료를 버릴' 일도 없다.**

나아가 이 다섯 가지 양념을 만드는 데 들어가는 미소, 간장, 식초, 미림 등은 '발효식품'이다. '발효식품'은 음식에 감칠맛과 깊이를 더해주는 것은 물론이거니와 '건강을 유지'하고 '면역력을 높일' 것으로 기대되기에 주목받는 식품이다.

다시 말해

- ⊙ 음식을 쉽고 빠르게 만들 수 있어 여러모로 효율적이다.
- ⊙ 면역력을 높이고 건강을 유지하는 데 도움을 주어 몸에 좋다.
- ⊙ 바다, 들, 산에서 나는 좋은 재료로 만들어 맛도 좋다.
- ⊙ 비용을 아낄 수 있고 버리는 음식물을 줄일 수 있다.

다섯 가지 양념은 이렇게 장점만 가득하다. 그래서 '마법 양념'인 것이다.

나는 『인간이 만든 위대한 속임수 식품첨가물』을 발간한 후 **약 15년간 레시피 노트를 기록해왔는데 그 양이 방대하다. 이 책에서는 그 기록 중에서 '마법 양념'을 포함해 '아주 간편'하면서도 '정말 맛있다'고 내세울 수 있는 102가지 음식을 엄선해 소개**한다.

이 102가지 음식은 내 가족과 친구는 물론이고 식생활 교육 활동을 통해 만난 분들께 호평받은 음식이다. 그리고 아이들이 함께 만들면서 "진짜 쉽다!", "정말 맛있다!"라고 엄지손가락을 세워주었던 음식이다.

'일식'의 기본인 '육수'를 내는 방법, 추천하는 조리 기구, 만들어뒀다가 늘 손쉽게 내어 먹을 수 있는 식품, 음식의 완성도를 한층 끌어올리는 양념을 잘 보관하는 방법도 소개했다.

음식은 노동도 아니고 억지로 애쓴다고 될 일도 아니다.

가족이 웃음꽃을 피우며 맛있게 먹을 때 그 기쁨은 곧 행복이 되고 감사의 인사가 된다. **음식 만들기를 음식 먹기와 마찬가지로 즐겼으면 좋겠다.**

이 책을 통해 일본의 전통 양념과 '일식'을 제대로 알고 모두가 건강을 유지하며 풍성한 식생활을 즐기게 된다면 참으로 고맙겠다.

차례

제 1 장 ─────
'마법 양념' 만들기

제 2 장 ─────
'베스트 10 레시피'

제 3 장 ─────
최고의 '고기 요리'

레시피 보는 법

알아보기 편하도록 조리의 핵심과 소요 시간 등을 아이콘으로 표시했다.
'마법 양념' 중 무엇을 쓸지도 일목요연하게 정리했다.
이 책을 활용해 매일의 식탁을 즐겁게 꾸며보자!

요리 초보자도 알기 쉽도록 조리의 비법과 핵심을 소개

완성까지의 소요 시간. 대부분 15분 이내!

이 음식의 특징과 원 포인트 어드바이스 등

사용할 '마법 양념'은 밑줄로 강조

다섯 가지 '마법 양념'
해당 레시피에서 사용할 양념

냉장, 냉동 등으로 보관할 수 있는 레시피. 기간은 대략 표시.

'준비물' 일단 아래 재료를 준비하자!

간장 / 설탕 / 미소 / 100% 쌀로 만든 술 / 미림 / 식초 / 양파 식초

'마법 양념' 만드는 법은 1장에!

※ 일부 양식이나 중식에 바탕을 둔 음식도 있으나, 모두 일본 전통 양념으로 만든
'마법 양념'을 이용한 레시피로 변형했으므로 '일식'의 범주에 넣고 소개했다.

제 **1** 장

〉 이것만 있으면 OK! 〈

'마법 양념'
만들기

이 책의 모든 레시피에 사용되는 '마법 양념'을 소개한다.
첨가물을 넣지 않은, 진짜 '맛있는' 양념을 사용하는 것이 핵심이다.
이것만 있으면 그 어떤 음식도 놀랄 만큼 맛있고 손쉽게 만들 수 있다!

다섯 가지 '마법 양념'

❸ 단 식초

❶ 만능 간장

❷ 미림술

❺ 양파 식초

❹ 단 미소

이것만 있으면 된다!
먹고 싶었던 '바로 그 음식'을 맛있게 만들어보자!

1 만능 간장

간장에 설탕을 넣어 만드는데 설탕만 다 녹으면 완성이다. '일본 음식의 간'은 만능 간장이 기본이다. 만들어 놓고 쓰면 조리 시간도 짧아지고 놀랄 만큼 쉽게 일식의 맛을 낼 수 있다. '만능 간장' 하나만 넣고 만들 수 있는 음식도 많다!

음식 예 소고기 감자 조림, 닭고기 달걀 덮밥, 방어 간장 소스 구이, 도미 오차즈케 등

2 미림술

조림 등에 '고급스러운 단맛과 풍미'를 더하고 싶을 때 쓴다. 설탕과 달리 '발효 조미료'만이 낼 수 있는 부드러운 맛은 그야말로 '일식의 진짜 묘미'다!

음식 예 연어 미소 절임 구이, 육수 달걀말이, 만능 돼지고기 조림, 고품격 도미 조림 등

3 단 식초

어른, 아이 할 것 없이 모두가 좋아하는 '새콤달콤한 맛'을 더할 때 쓴다. 맛이 진한 음식에 조금 넣으면 상큼한 맛이 입맛을 돋운다.

음식 예 닭고기 튀김, 전갱이 난반즈케, 파티용 간편 섞음 초밥, 뭐든지 코울슬로, 게살 달걀 덮밥 등

4 단 미소

미소의 진한 감칠맛과 떫은맛이 음식에 깊이를 더해준다. 단 미소의 맛을 강조해서 써도 좋고, 고기 요리에 '숨은 양념'으로 살짝 첨가해도 좋다. 다양한 음식에 활용할 수 있는 만능 양념이다!

음식 예 일본식 햄버그스테이크, 마파두부, 미소 돈가스, 다진 회 양념 무침 등

5 양파 식초

재료를 섞고 숙성시키기만 하면 완성된다. 잘게 썬 양파를 쓰므로 색이 잘 변하지도 않고 양파의 매운맛도 살아있다. 보통 웃물을 쓰지만, 음식의 종류나 취향에 따라 양파 건더기까지 넣기도 한다.

음식 예 무지개색 주사위 과일샐러드, 샐러드풍 아사즈케, 일본식 · 서양식 · 중국식 드레싱 등

다섯 가지 '마법 양념' 만들기

먼저 다섯 가지 '마법 양념'을 준비해보자.
모두 5~10분 이내에 쉽게 만들 수 있으니 초보자도 도전할 수 있다!
재료로 쓴 양념에 관해서는 22쪽 칼럼에 설명했다.

① 만능 간장

5분 상온에서 3개월 보관 가능!

※ 숙성 시간은 제외

재료 ※ 만들기 편한 양

간장 … 100mL(또는 500mL)
설탕 … 30g(또는 150g)

만드는 법

뚜껑이 있는 보관용 병이나 페트병 등에 설탕과 간장을 담고 상온에서 일주일 정도 숙성시키기만 하면 된다. 가끔 흔들어주면 설탕이 빨리 녹는다. 더 빨리 녹이고 싶으면 50도 정도의 물에 중탕한다.

이 점이 핵심!

설탕만 녹으면 바로 쓸 수 있지만, 일주일 정도 숙성시키면 더 깊은 맛이 난다!

② 미림술

5분 냉장고에서 1개월 보관 가능!

재료 ※ 만들기 편한 양

시판 미림* … 200mL
100% 쌀로 빚은 술 … 100mL

만드는 법

1 냄비에 미림과 술을 넣고 중간 불에서 끓인다.

2 끓어오르면 약한 불로 줄이고 코를 찌르는 냄새가 약해질 때까지 보글보글 끓인다.

3 불을 끄고 한 김 식힌 뒤, 페트병이나 뚜껑이 있는 보관용 병에 담아 보관한다.

이 점이 핵심!

너무 졸이지 않아야 풍미를 살릴 수 있다!

* 미림은 찹쌀, 쌀누룩에 소주 또는 양조 알코올을 섞어 숙성시킨 뒤 여과한 것이다. 한국에서 시판되는 비슷한 양념으로는 미향, 맛술 등이 있는데, 모두 식초가 들어간다. 그러나 미림에는 식초가 들어가지 않고, 음식에 윤기를 더하는 역할도 하며, 가장 큰 차이는 미림에는 알코올이 14%가량 함유되어 있다는 점이다.

3 단 식초

5분

상온에서 3개월 보관 가능!

재료 ※만들기 편한 양

쌀식초 … 100mL
설탕 … 70g

만드는 법

1 냄비에 쌀식초를 넣고 중간 불에서 가열한다. 끓어오르면 불을 끄고 설탕을 넣어 녹인다.

2 한 김 식힌 뒤, 페트병이나 뚜껑이 있는 보관용 병에 담아 보관한다.

이 점이 핵심!

코를 찌르는 식초 냄새를 날리고 나서 설탕을 녹여야 부드러운 맛이 난다!

---

4 단 미소

재료 ※만들기 편한 양

미소 … 100g
　※ 미소 고르는 방법은 84쪽 참조
2의 미림술 … 30mL
설탕 … 20g
1의 만능 간장 … 1작은술

5분

상온에서 3개월 보관 가능!

만드는 법

냄비에 미소, 미림술, 설탕, 만능 간장을 넣고 약한 불에서 타지 않게 주걱 등으로 저으면서 걸쭉해질 때까지 가열한다.

* 소흥주. 중국을 대표하는 8대 술의 일종(황주)으로 동파육 등을 만들 때 넣는다.

이 점이 핵심!

취향에 따라 사오싱주* 1작은술을 넣으면 풍미가 좋아지고 더 깊은 맛이 난다!

---

5 양파 식초

5분

냉장고에 1개월 보관 가능!

재료 ※만들기 편한 양

다진 양파 … 1/2개 분량(약 100g)
사과식초 … 200mL

만드는 법 ※숙성 시간은 제외

입구가 넓은 병 등에 재료를 담고 뚜껑을 덮어 냉장고에서 하룻밤 숙성시킨다. 다음 날부터 쓸 수 있다.

이 점이 핵심!

사과식초 분량의 1/3을 미림으로 대체하면 더욱 부드러운 맛이 난다!

이것부터 알아두자!

일식에 빠질 수 없는 '전통 조미료'

정말 맛있는 조미료는 천천히 시간을 들여 만든다. 평소 무심코 사용하는 주변의 조미료도 사실은 그 깊이가 상당하다.

이름은 같아도 제조법이나 가격에 차이가 나므로 '올바른 선택법'을 꼭 알아두기를 바란다.

간장

일식에 쓰는 조미료라고 하면 대부분 '간장'을 가장 먼저 떠올린다.

간장을 만드는 데는 많은 시간이 든다. '탈지 대두'가 아니라 '통 대두'로 만든 간장이라 해도 값이 싸다면 콩을 분쇄해서 양조 기간을 단축한(속성 양조) 제품이다.

원료로 '대두, 소맥, 식염'만 단순하게 표기되어 있고, '알코올', '조미료(아미노산 등)' 등은 표기되어 있지 않은 제품을 고르는 것이 좋다.

간장 맛을 느껴보자!
물 한 컵에 간장 1큰술을 타서 시음해보면 맛의 차이를 잘 느낄 수 있다.

소금

'원료', '농축법', '결정화 방법' 등의 차이에 따라 수많은 종류로 나뉜다. 가격도 천차만별. 이를 혀로 판별하기는 매우 어렵다. 맛은 전통적인 '해수염'이 순하다. '발효'에 쓰려면 미네랄을 다량 함유한 것이 좋고, 육류 등에는 암염이 잘 맞는다.

설탕

나는 자주 '설탕은 기호품'이라고 말한다. '목적에 맞추어 골라 쓰는' 것이 올바른 사용법이라는 뜻이다.

조림에는 사탕수수 설탕 같은 정제 전 '원료당', 고급스러운 단맛을 추구할 때는 '백설탕'을 쓴다. 무와 비슷한 식물인 '사탕무'에서 얻어지는 베이지색 '사탕무 설탕'은 부드러운 단맛을 내므로, 조림이나 데리야키* 등에 적합하다.

술

이 책에서는 양조 알코올을 첨가하지 않고 쌀과 쌀누룩, 물만을 원료로 쓴 '100% 쌀로 빚은 술'을 사용한다.

쌀의 감칠맛과 깊은 맛이 가장 잘 느껴지기 때문이다. 이런 술을 쓰면 젖산 등이 주성분을 이루는 상쾌한 신맛을 낼 수 있고, 음식의 맛을 잡아주어 뒷맛이 깔끔해진다.

식초

식초도 천차만별이다. 저렴한 곡물 식초에는 원료로 양조 알코올이 첨가된 경우가 많아 시간을 들여 만든 식초와는 풍미가 전혀 다르다.

음식에는 쌀식초 등의 '곡물 식초', 드레싱 등에는 사과식초 등의 '과일 식초'가 적합하다.

미림

전통적인 제조법으로 만든 미림을 쓰길 권한다. 미림풍 조미료, 발효 조미료 미림 타입은 비슷하면서도 다르다.**

순 쌀 미림, 혼미림이라는 제품도 제조사에 따라 원료에 차이가 난다.*** 원료로 '찹쌀, 쌀누룩, 쌀소주'만 들어간 단순한 제품이 '전통 제조법으로 만든 (혼)미림'인데, 여기에는 불휘발 성분****이 많이 포함되어 있어 조리용으로 좋다.

미소

일식의 대표 격인 '미소시루' 맛이 집마다 다르듯 일본 된장인 미소는 지역마다 특징이 다른 '발효식품'이다. 크게 쌀미소, 보리미소, 콩미소로 나눌 수 있다(84쪽 칼럼 참조).

이 책의 '단 미소'는 2년 이상 천천히 숙성시킨 진한 색의 쌀미소 또는 콩미소로 만들 것을 권한다.

'저염 미소'는 무심코 많이 넣기 쉬우므로 주의한다. 첨가물 등을 넣지 않고 단순한 원료만을 이용해 만든 제품을 고르자.

* 생선을 굽다가 미림과 간장으로 만든 소스를 발라 윤기가 나도록 하는 조리 방법이다.

** '미림풍 조미료'는 미림과 비슷한 풍미를 내지만 알코올 함유량이 1% 미만인 조미료고, '발효 조미료 미림 타입'은 5~14%의 알코올을 함유하지만 식염이 추가된 조미료다.

*** 부재료로 당류를 섞은 제품도 있다는 의미다.

**** 술을 가열했을 때 증발하지 않고 남는 성분을 말하며 단맛과 감칠맛을 낸다.

제 2 장

전문가의 맛!　초절정의 맛!　감동을 주는 맛!

＼ 강력 추천! ／

'베스트 10 레시피'

남녀노소 모두에 인기 만점! 고심 끝에 고른 '대표 일식 레시피'를 소개한다.
다섯 가지 '마법 양념'으로 바쁠 때도 순식간에 뚝딱 완성!
'숨은 양념' 등 잔기술까지 살리면 깜짝 놀랄 맛을 낼 수 있다.

강한 불에서 휘리릭 재빠르게 완성!

소고기 감자 조림

번거롭던 조림을 순식간에 만들 수 있다!

15분
만능 간장 + 미림술

이 점이 핵심!

강한 불에서 단숨에 조리고
여열로 맛이 배게 하자!

재료(2인분)

감자(중) … 4개
당근 … 1/2개
양파 … 1개
껍질콩(그린빈) … 4개
얇게 썬 소고기 … 200g
만능 간장 … 4큰술
미림술 … 2큰술
물 … 200mL

만드는 법

1 감자는 껍질을 벗겨 한입 크기로 썬다. 당근은 부채꼴로 썰고 양파는 두껍게 채썬다. 껍질콩은 꼬투리 중앙의 질긴 실을 걷어내고 3cm 길이로, 고기는 5cm 폭으로 썬다.

2 냄비에 감자와 당근, 양파를 담고 그 위에 소고기를 올린 뒤 물을 붓는다.

3 만능 간장, 미림술을 넣고 뚜껑을 연 상태로 강한 불에서 바글바글 끓인다. 국물이 반으로 줄면 전체를 섞어준다.

4 마지막에 껍질콩을 넣고 뚜껑을 덮은 뒤 약한 불에서 5분간 졸인다. 그대로 잠깐 둬서 맛이 배어들면 완성.

15분
단 미소

늘 먹던 햄버그스테이크를 색다른 맛으로

일본식 햄버그스테이크

햄버거 패티로 활용하기에도 일품!

뒀다 먹어도
OK!
냉동 : 1개월

재료(2인분)

간 고기(소고기+돼지고기) ⋯ 200g

양파 ⋯ 1/2개

달걀 ⋯ 1개

밀기울 ⋯ 3큰술 ※ 손으로 곱게 비벼둔다.

우유 또는 두유 ⋯ 2큰술

단 미소 ⋯ 1큰술

소금, 후추 ⋯ 적당량

식용유 ⋯ 적당량

간 무 ⋯ 적당량

차조기 잎 ⋯ 2장

폰즈 소스 ⋯ 적당량

⊙ 곁들임 채소

동글게 썬 찐 당근과
껍질콩(스냅피) ⋯ 적당량

만드는 법

1 양파는 잘게 다진다. 밀기울은 볼에 담고 우유 또는 두유를 넣어 섞는다.

2 볼에 간 고기, 단 미소, 소금, 후추를 넣고 손으로 잘 치댄다. 여기에 1과 달걀물을 넣고 다시 잘 치댄다.

3 공기를 빼면서 동그랗게 모양을 잡는다.

4 프라이팬에 식용유를 두르고 한쪽 면을 구운 뒤 뒤집는다. 꼬챙이로 찔러보아 육즙이 스며 나오지 않을 때까지 굽는다.

5 그릇에 햄버그스테이크와 곁들임 채소를 담는다. 차조기 잎과 간 무를 올리고 폰즈 소스를 뿌려 낸다.

이 점이 핵심!

방어는 끓는 물에 소금을 넣고 살짝 데치면 비린내가 잡힌다. 조리 시, 양념을 넣은 뒤에는 프라이팬을 너무 흔들지 않도록 한다! 전분을 살짝 묻혀서 구우면 감칠맛도 가두고 소스에 윤기도 더할 수 있다!

놓칠 수 없는 일등 생선 요리!

방어 간장 소스 구이

10분 | 만능 간장 + 미림술

윤기 나는 소스가 식욕을 자극하는 대표 생선 요리!

재료(2인분)

방어 … 2토막
식용유 … 적당량
⊙ 소스
　만능 간장 … 1큰술
　미림술 … 1큰술
간 무 … 적당량
영귤 … 적당량

만드는 법

1 방어는 3% 소금물에 살짝 데친 뒤 꺼내 키친타월로 수분을 제거한다.

2 프라이팬에 식용유를 두르고 방어를 올린 뒤 중간 불에서 뚜껑을 덮고 양면을 찌듯이 굽는다.

3 방어가 완전히 익으면 프라이팬에 남은 기름을 키친타월로 닦아내고, 소스 재료를 넣어 방어에 잘 묻힌다.

4 그릇에 담고 간 무와 영귤을 곁들인다.

이 점이 핵심!

만드는 법이 쉬우니 아이들도 거들게 해 즐거운 시간을 보내자!

'폭신한 반숙 달걀'이 식감을 좌우한다! 대표 절약 요리

닭고기 달걀 덮밥

5분

만능 간장

'만능 간장'만 있으면 실패 없이 OK!

재료(2인분)

밥 … 2공기

닭고기 넓적다리 살 … 100g

달걀 … 3개

양파 … 1/4개

파드득나물 … 적당량

◉ A

　일식 육수 … 100mL

　　※ 만드는 법은 42쪽 참조

　만능 간장 … 2큰술

만드는 법

1　닭고기는 비스듬하게 저미고 양파는 1cm 폭으로 썬다.

2　냄비에 A를 넣고 끓이다가 중간 불로 줄여 1을 넣고 조린다.

3　2에 풀어둔 달걀을 원을 그리며 붓고 뚜껑을 덮는다.

4　달걀이 반쯤 익으면 바로 불을 끄고 갓 지은 밥 위에 올린다. 고명으로 파드득나물을 올린다.

산뜻해서 아이, 어른 모두가 좋아하는

닭고기 튀김

15분

양파 식초 + 단 식초

튀김에 단 식초를 뿌려 깔끔한 맛으로

재료(2인분)

닭가슴살 … 4장

◎ A

　'간편 오리지널
　중화 향신료' … 적당량
　　※ 만드는 법은 76쪽 참조
　술 … 적당량
　소금, 후추 … 적당량

◎ 소스

　양파 식초(건더기도 사용)
　　… 2큰술
　단 식초 … 1큰술

◉ 튀김옷

　달걀 … 1/2개
　밀가루 … 2큰술
　전분 … 2큰술
　물 … 25mL

튀김 기름 … 적당량

다진 차조기 잎 … 적당량

만드는 법

1 닭가슴살은 힘줄을 제거한다. A를 섞은 다음 닭고기를 재워 밑간을 한다. 볼에는 소스 재료를 섞어둔다.

2 다른 볼에 튀김옷 재료를 섞어서 닭고기에 입힌 뒤 180도 기름에 튀긴다.

3 그릇에 담고 1의 소스와 다진 차조기 잎을 뿌린다.

이 점이 핵심!

오이타 지역의 명물 '도리텐'을 먹기 쉽게 변형! 신맛이 은은한 단 식초를 쓰므로 질리지 않고 먹을 수 있다! 기름 온도를 잴 때는 '주방용 온도계'(92쪽 참조)를 이용하면 편하다. 튀긴 뒤 냉동 보관도 가능하다.

5분
만능 간장

남은 생선회가 새로운 요리로 재탄생! 도미회의 변신

도미 오차즈케*

생선회에 '만능 간장' 맛이 배어들므로 냉동 상태로 밥 위에 올리고
뜨거운 육수를 붓기만 하면 완성!

뒀다 먹어도
OK!
냉동 : 1개월
※ 소스에 절인 도미만 해당

재료(2인분)

밥 … 2공기
횟감용 도미 슬라이스 … 8~10조각(80g)
깨소금 … 1/2작은술
'일식 육수' … 400mL
　　※ 만드는 법은 42쪽 참조
만능 간장 … 2큰술
차조기 잎, 고추냉이 … 적당량

만드는 법

1　지퍼백에 도미, 만능 간장, 깨소금을 넣는다. 공기를 빼고 밀폐한다. 냉장고
에서 20분 이상, 가능하면 하룻밤 숙성시킨다.
　　※ 냉동 보관할 때는 평평하게 모양을 잡아두면 나중에 빠르게 해동할 수 있다.

2　밥그릇에 밥을 담고 도미를 올린다. 취향에 따라 소스를 끼얹어도 된다.

3　뜨거운 '일식 육수'를 2에 붓는다. 취향에 따라 차조기 잎과 고추냉이를 올
린다.

* '오차즈케'는 별도 재료를 곁들인 밥에 녹차나 따로 만들어둔 육수를 부어 먹는 음식이다.

두반장의 양으로 맵기를 조절한다! 끝맛이 고급스러운

마파두부

단 미소

'단 미소'과 두반장은 최고의 궁합! '마파두부 소스'를 쓰지 않고도 최고의 요리가 완성!

재료(2인분)

두부 ⋯ 1모

⊙ A

    술 ⋯ 2큰술

    간장 ⋯ 2큰술

    단 미소 ⋯ 1큰술

    '간편 일본식 두반장' ⋯ 2작은술

    (취향대로 조절)

    ※ 만드는 법은 76쪽 참조

    물 ⋯ 200mL

참기름 ⋯ 2큰술

다진 양파 ⋯ 1/4개 분량

다진 마늘 ⋯ 1쪽 분량

다진 생강 ⋯ 1조각 분량

다진 대파 ⋯ 10cm 분량

다진 돼지고기, 다진 닭고기 ⋯ 각 100g

전분 ⋯ 1~2작은술

    ※ 2배 양의 물에 푼다.

대파 흰 부분 ⋯ 적당량

만드는 법

1 두부는 반으로 잘라 물기를 뺀다. 대파 흰 부분은 가늘게 채썬다.

2 볼에 A의 재료를 넣고 섞는다.

3 프라이팬에 참기름을 두르고 마늘, 생강을 약한 불에 볶다가 향이 나면 중간 불로 키워 양파와 대파를 넣고 볶는다.

4 3에 고기를 넣고 볶다가 2의 A를 넣어 간을 한다.

5 두부를 으깨어 넣고 전분물을 더해 걸쭉하게 만든다.

6 그릇에 담고 고명으로 채썬 대파 흰 부분을 올린다.

이 점이 핵심!

아이에게 먹일 때는 두반장 양을 줄인다. 중화요리에 쓰는 다진 고기는 '닭고기 1 : 돼지고기 1'이 황금비율이다.

식초 향이 과하지 않아 가족 모두 만족! 순한 맛 버전의

전갱이 난반즈케*

15분

단 식초

튀겨서 '단 식초'에 버무리기만 하면 끝! 만들기 쉬워서 좋다!

재료(2인분)

전갱이 살 … 2마리 분량
튀김 기름 … 적당량
밀가루 … 적당량
얇게 썬 양파 … 1/2개 분량
채썬 당근 … 1/4개 분량
무순 … 적당량
단 식초 … 100mL
홍고추(취향대로) … 적당량

만드는 법

1 냄비에 단 식초, 동글게 썬 홍고추(취향대로)를 넣고 한소끔 끓인다.

2 잔뼈를 제거한 전갱이 살을 먹기 좋은 크기로 자른 뒤, 밀가루를 입혀 170
   도 기름에 튀긴다.

3 다 튀겨지면 그릇에 담고 양파, 당근을 올린 뒤, 뜨거울 때 1의 소스를 끼얹
   는다. 그 위에 고명으로 무순을 올린다.

※ '난반즈케'란 튀긴 생선(또는 고기)과 채소를 식초 소스에 적셔서 먹는 음식을 가리킨다.

이것이 바로 일본식 해물탕면! 건강한 맛의

두유 해물탕면

10분

만능 간장

국물이 '두유'라 건강식이다! 술술 넘어가는 당면이 독특!

재료(2인분)

잘게 썬 돼지고기 … 80g
배추 … 1장
당근 … 1/4개
대파 … 1/2대
냉동 해산물 모듬 … 100g
당면 … 50g
참기름 … 적당량
◉ 국물
  물 … 300mL
  100% 두유 … 100mL
  만능 간장 … 1큰술
소금, 후추 … 적당량
삶은 달걀 … 1개

만드는 법

1 배추는 가로로 2등분한 뒤, 섬유 결에 따라 세로로 썬다. 당근과 대파는 어슷썬다. 당면은 물에 불려둔다.

2 볶음팬에 참기름을 두르고 강한 불에서 돼지고기, 해산물 모듬을 볶다가 **1**의 채소를 더해 볶는다.

3 **2**에 국물 재료를 넣고 끓으면 소금, 후추로 간을 하고 당면을 넣어 끓인다.

4 **3**을 그릇에 담고 반으로 자른 삶은 달걀을 올린다.

이 점이 핵심!

구마모토 명물인 '타이피엔'*을 집에서 손쉽게 만들 수 있도록 변형! 해산물의 감칠맛이 우러난 국물 맛에 푹 빠져보자!

※ '타이피엔'은 중국 푸저우의 음식이 일본으로 전래한 뒤 일본식으로 변형된 것이다. 새우, 오징어, 돼지고기, 배추, 버섯을 넣으며 튀긴 달걀을 올린다. 언뜻 보면 나가사키 짬뽕과 비슷해 보이지만 면이 당면이라는 점이 특이하다.

이 점이 핵심!

생강은 얇게 저며 냉동 보관
하면 필요할 때 바로 꺼내 쓸
수 있어 편리하다!

※ 103쪽 참조

'만능 간장'이라 틀림없는 맛! 절대 실패 없는

돼지고기 생강 구이

10분

만능 간장

늘 먹던 그 음식을 더 맛있고 더 쉽게!

재료(2인분)

얇게 썬 구이용 돼지고기 … 200g
양파 … 1/2개
간 생강 … 1작은술
만능 간장 … 2큰술
양배추 … 2장
식용유 … 1큰술

만드는 법

1 양파는 두껍게 채썬다. 양배추는 큼지막하게 썬다.

2 프라이팬에 식용유를 두르고 돼지고기, 양배추, 양파를 넣어 중간 불에서
  고기가 익을 때까지 볶는다.

3 2에 만능 간장과 생강을 넣어 전체적으로 뒤섞는다. 그릇에 담으면 완성.

고기가 10배 맛있어지는
감동의 불고기 소스!

편집장의 진심 어린 호평!
"속는 셈 치고 한번만 만들어보세요.
너무 쉬워 깜짝 놀랄 걸요!'

어느 집이나 시판 드레싱, 소스로 냉장고 포켓이 넘쳐날 것이다.
하지만 '마법 양념'만 있으면 맛집 뺨치는 불고기 소스를 직접 만들 수 있다.
적은 양으로도 양념을 '내 스타일'로 조절할 수 있으니 입맛 살리는 데 일등 공신!

깊고 섬세한 감동의 맛! 비법 중에 비법! 혼자만 알고 싶은

마법의 불고기 소스

기본 소스

재료

만능 간장 … 200mL	간 생강 … 1/2작은술
미림술 … 100mL	고춧가루 … 1/4작은술
간 마늘 … 1/2작은술	참깨 … 적당량

만드는 법

1 냄비에 참깨를 제외한 모든 재료를 넣고 한소끔 끓인 다음 참깨를 넣는다.

10분 만능 간장 + 미림술

뒀다 먹어도
OK!
냉장고에서 2주일
보관 가능!

취향껏 다양하게 변형해보자!

사과를 갈아 넣어 맛을 부드럽게
부드러운 사과 소스

5분 뒀다 먹어도 **OK!** 냉장 : 1주일

재료

기본 소스 … 150mL
간 사과 … 1/4~1/2개 분량
볶은 참깨 … 적당량

만드는 법

1 냄비에 재료를 전부 넣고 한소끔 끓인다.

미소와 참깨의 깊은 풍미
진한 참깨 미소 소스

5분 뒀다 먹어도 **OK!** 냉장 : 1주일

만드는 법

1 '부드러운 사과 소스' 200mL에 미소 60g, 참기름 1큰술, 쌀식초 2작은술을 더한다.

산뜻함과 비타민을 더했다
상큼한 레몬향 소스

5분 뒀다 먹어도 **OK!** 냉장 : 1주일

만드는 법

1 '부드러운 사과 소스' 200mL에 쌀식초 1큰술과 레몬즙을 원하는 양만큼 더한다.

제 **3** 장

이렇게 쉬워?   지금 당장 먹고 싶다!

＼ 모두가 좋아하는 ／

최고의 '고기 요리'

푸짐해서 돋보이고 속도 든든한 고기 요리!
주요리 외에 곁들임 요리, 간단한 술안주까지 소개한다.
요리 초보자도 쉽게 만들 수 있으니 단골 메뉴에 꼭 추가해보자.

마늘과 생강 대신 76쪽에 소개한 '간편 오리지널 중화 향신료'를 써도 된다. '오향분'은 조금만 넣어도 단숨에 중화 요리의 느낌을 낼 수 있어 강력 추천!

이 점이 핵심!

밥맛이 꿀맛 되는 비결!

중화풍 돼지고기 볶음*

15분 | 단 미소 + 미림술

생강과 마늘, 오향분** 덕에 본격 중화요리 탄생!

재료(2인분)

얇게 썬 구이용 돼지고기 … 200g
술 … 1큰술
전분 … 2큰술
다진 마늘 … 1쪽 분량
다진 생강 … 1조각 분량
당근 … 1/4개
피망 … 1개
양배추 … 2장
참기름 … 2큰술

⊙ A

굴소스 … 1큰술	
오향분 … 약간	
고춧가루 … 약간	
단 미소 … 2큰술	
미림술 … 1큰술	

만드는 법

1 볼에 돼지고기, 술, 전분을 넣고 버무린다. 채소는 먹기 좋은 크기로 썬다.

2 다른 볼에 A의 재료를 섞어둔다.

3 프라이팬에 참기름을 두르고 마늘, 생강을 넣어 약한 불에 볶는다. 향이 나면 중간 불로 키우고 1의 돼지고기를 넣어 익힌다. 다 익으면 그릇에 덜어둔다.

4 프라이팬에 참기름을 두르고(분량 외) 강한 불에서 1의 채소를 볶는다. 여기에 3의 고기를 더한 다음 2를 넣어 잘 섞는다.

＊ 돼지고기를 각종 채소와 볶은 쓰촨을 대표하는 음식 '회과육'의 변형이다.

＊＊ 산초, 팔각, 회향, 정향, 계피 등 다섯 가지 향신료를 섞어 만든 중국의 대표적인 혼합 향신료다.

이 점이 핵심!

다진 고기는 해동한 냉동육 보다 생고기를 쓸 때 훨씬 맛 이 좋다!

10분

단 미소

돼지고기와 단 미소의 감칠맛 폭발! 환상 궁합
돼지고기 가지 볶음

다진 고기가 듬뿍! 간단해도 든든하게!

재료(2인분)

가지 … 2개
다진 돼지고기 … 100g
다진 대파 … 1대 분량
다진 마늘 … 1작은술
다진 생강 … 1작은술
참기름 … 적당량
⊙ A
 | 단 미소 … 1큰술
 | 술 … 1큰술

만드는 법

1 **A**의 재료를 섞어둔다. 가지는 세로로 6등분해 참기름에 볶는다.

2 프라이팬에 참기름 적당량을 두르고 마늘, 생강을 넣어 약한 불에 볶는다.

3 **2**에서 향이 나면 대파, 다진 돼지고기를 넣고 볶는다. 고기가 익으면 **1**의 가 지를 넣는다.

4 마지막에 **1**의 **A**를 더해 잘 섞어준다.

식전주에 살짝 곁들이기 좋은

매실 양념 닭가슴살 구이 무침

15분

미림술

솜씨 부린 티 없이 작은 접시에 가볍게!

재료(2인분)

닭가슴살 … 2조각
⊙ 매실 페이스트 … 1/2큰술
　매실 절임(과육이 많은 것)
　미림술
　　※ 만드는 법은 74쪽의 '매실 주먹밥' 참조
다진 대파 … 10cm 분량
소금 … 약간
채썬 차조기 잎 … 적당량

만드는 법

1 닭가슴살은 힘줄을 제거하고 소금을 뿌린 뒤, 연한 갈색이 날 때까지 그릴에 굽는다. 한 김 식으면 결대로 찢는다.

2 볼에 매실 페이스트와 대파를 넣고 잘 섞는다.

3 2에 1의 닭가슴살을 넣어 무친다. 그릇에 담고 고명으로 차조기 잎을 올린다.

마법의 '미소 소스'는 재료만 섞으면 끝! 입이 즐겁다! 만족도 120%

미소 돈가스

15분

단 미소 + 미림술

나고야* 사람도 깜짝 놀랄 '깊이 있는 감칠맛'!

재료(2인분)

돼지고기(안심, 등심 등 취향껏) ··· 300g

소금, 후추 ··· 적당량

밀가루 ··· 적당량

달걀물 ··· 적당량

빵가루 ··· 적당량

튀김 기름 ··· 적당량

⊙ 미소 소스

　│　단 미소 ··· 2큰술
　│　미림술 ··· 2~4큰술

채썬 양배추 ··· 적당량

파슬리 ··· 약간

만드는 법

1　미소 소스 재료를 섞어둔다.

2　돼지고기에 소금, 후추를 뿌린 다음 밀가루를 묻힌 뒤 달걀물, 빵가루를 묻혀 중간 온도(170~190도) 기름에 튀긴다.

3　접시에 **2**의 돈가스를 담고 양배추와 파슬리를 곁들인 다음 미소 소스를 끼얹는다.

* 미소 돈가스는 나고야가 본고장으로 알려져 있다.

전문점의 고소함을 집에서 재현! 간절히 원하던 맛

간장 양념 윙

35분

만능 간장

백후추와 참깨가 포인트. 맥주를 부르는 맛!

재료(2인분)

닭봉 … 12조각
식용유 … 적당량
만능 간장 … 1큰술
백후추 … 적당량
볶은 참깨 … 적당량

만드는 법

1 프라이팬에 닭봉이 잠길 정도의 식용유를 붓고, 110~120도의 저온에서 30분 정도 닭봉이 바삭해질 때까지 튀긴 다음 건진다.

2 한 김 식은 **1**의 닭봉을 지퍼백에 담고, 만능 간장과 백후추를 넣고 흔든다. 그 상태로 5~10분 정도 둔다.

3 **2**의 닭봉을 채반에 펼쳐서 여분의 소스를 제거한다. 그릇에 담고 참깨를 뿌린다.

이 점이 핵심!

저온에서 수분을 날리면서 천천히 튀기는 것이 비결! 술 안주 맛집의 손맛과 식감을 집에서도 느껴보자!

진한 '고기향'이 일품인 넉넉한 한 그릇!

만능 돼지고기 조림

라멘, 도시락, 술안주에도! 주요리, 곁들임 요리에 모두 어울리니 이게 바로 만능!

40분 단 미소 + 만능 간장 + 미림술

뒀다 먹어도
OK!
냉장 : 1주일

재료(2인분)

돼지고기 덩어리
  (원하는 부위. 실로 묶어 쓰기를
  추천) … 500g
껍질 깐 삶은 달걀 … 2개
대파 파란 부분 … 1대 분량
얇게 썬 생강 … 적당량
식용유 … 적당량
물 … 400mL

⊙ A
| 단 미소 … 1큰술 |
| 참기름 … 1/2큰술 |
| 만능 간장 … 3큰술 |
| 미림술 … 2큰술 |
| 설탕 … 1큰술 |
고수(취향대로) … 적당량

만드는 법

1 대파는 밀방망이 등으로 두드려 놓는다. 프라이팬에 식용유를 두르고 돼지고기 표면에 갈색이 나도록 굽는다.

2 바닥이 두꺼운 냄비에 **1**의 돼지고기와 물, 대파, 생강을 넣고 강한 불에 끓인다.

3 부글부글 끓으면 약한 불로 줄이고 거품을 제거한 다음, **A** 양념과 삶은 달걀을 넣고 조림용 뚜껑*을 덮어 30분간 조린다.

4 실을 묶었을 경우는 실을 잘라낸 다음 원하는 두께로 잘라 그릇에 담는다. 삶은 달걀은 반으로 잘라 곁들인다. 취향에 따라 고수를 함께 낸다.

* 일식 조리 시에 흔히 쓰는 도구로 냄비 안으로 쏙 들어가게 만든 뚜껑이다.

'일식 육수'의 기본

일식은 뭐니 뭐니 해도 '육수'가 중요하다. '육수 내기가 번거롭다', '육수 내는 법을 모르겠다'는 사람도 이 방법만 따르면 일식 육수를 쉽게 만들 수 있다. 모든 재료를 냄비에 넣고 끓이기만 하면 된다. 이 레시피는 수많은 시도 끝에 얻어낸 필자의 황금비율이다. 다양한 일식 요리에 기본 육수로 쓰기 바란다.

아베 쓰카사의 '일식 육수' 내기

뒀다 먹어도
OK!
냉장 : 3일
(가급적 빨리 소진한다)

재료 ※ 만들기 편한 양

물 … 500mL
육수용 다시마 채 … 5g
가다랑어포 팩 … 2봉지(5g)

10분

만드는 법

1 냄비에 물, 다시마, 가다랑어포를 넣고 중간 불에 올린다(육수용 팩에 넣으면 편리).

2 끓으면 불을 끄고 다시마와 가다랑어포가 든 팩을 꺼내고(팩이 없으면 체로 건져낸다) 다시마와 가다랑어포를 꼭 짜면 완성.

육수를 낸 뒤에는……

이렇게 변신!

만드는 법은 100쪽
'육수 건더기 조림' 참조

이것만 넣으면 시판 장국이 필요 없다! 집에서 만드는

간편 농축 장국!

뒀다 먹어도
OK!
냉장 : 1개월
(가급적 빨리 소진한다)

15분

만능 간장 + 미림술

재료 ※ 완성 시 500mL 분량

진한 '일식 육수' … 360mL
　※ 위에 소개한 '일식 육수'와 만드는 법은 같지만, 다시마와 가다랑어포의 양을 2배(약 10g)로 잡는다.
만능 간장 … 150mL
미림술 … 100mL

우동 장국 등으로 쓸 때 짠맛이 부족하다고 느껴지면 소금을 한 꼬집 더하면 된다.

만드는 법

1 물 500mL, 다시마 10g, 가다랑어포 10g으로 진한 '일식 육수'를 낸다(360mL 분량).

2 1에 만능 간장과 미림술을 넣고 한소끔 끓인 다음, 마무리로 가다랑어포 한 꼬집(분량 외)을 넣고 불을 끈다.

3 한 김 식으면 체로 거르고, 용기에 담아 냉장고에 보관한다.

이 '간편 농축 장국'만 있으면
아래의 모든 메뉴를 만들 수 있다!

[사용법] 아래 비율을 기준으로 희석한다.
<장국 : 물의 비율>

면을 찍어 먹을 때 … 1 : 1　　　덮밥 … 1 : 2~3
면을 말아 먹을 때 … 1 : 3　　　조림 … 1 : 3~4
튀김 소스 … 1 : 2

이 외에 생선조림, 전골, 어묵탕 등
여러 음식에 쓸 수 있다!

제 4 장

건강 식단! 다이어트에도 최적!

＼ 모두 15분 이내에 조리 가능! ／

진짜 쉬운 '생선 요리'

'생선 요리'는 어렵고 번거로워 엄두가 나지 않는다?
'마법 양념'만 잘 쓰면 집에서도 근사한 생선 요리가 뚝딱!
재료 본연의 맛을 살리는 레시피로 전문가 부럽지 않은 맛을 내보자.

조림 시간을 대폭 단축!

고등어 미소 조림

바로 만들 수 있어 좋고 보관했다 먹어도 좋다!

15분
만능 간장 + 단 미소 + 미림술

뒀다 먹어도
OK!
냉동 : 1개월

재료(2인분)

고등어 … 2토막
대파 … 1/2대
◉ 미소 소스
   만능 간장 … 2큰술
   단 미소 … 3큰술 반
   미림술 … 5큰술
물 … 100mL
다시마 … 5cm 분량
얇게 썬 생강 … 적당량

만드는 법

1 고등어는 비린내를 잡기 위해 3% 소금물을 끓여 끼얹는다. 대파는 5cm 길
    이로 자른다. 미소 소스는 재료를 모두 섞어둔다.

2 냄비에 **1**의 고등어, 물, 다시마, 생강, **1**의 미소 소스를 넣고 강한 불에 올린
    다. 끓기 시작하면 중간 불로 줄이고 조림용 뚜껑을 덮는다.

3 국물이 반으로 줄면 대파를 넣고 한소끔 더 끓여 완성한다.

이 점이 핵심!

대구, 삼치 등 원하는 생선을 쓰면 된다. '사이쿄미소'*가 없으면 '시로미소'를 써도 된다. 먼저 면 포에 생선을 싼 뒤 미소에 절이면 나중에 미소를 깔끔하게 제거할 수 있다.

※ 절이는 시간은 제외

10분

미림술

하룻밤만 절여도 그럴싸한 맛! 쉽지만 정통이다.

연어 미소 절임 구이

맛집 손맛에도 뒤지지 않는 고급스러운 풍미

뒀다 먹어도
OK!

냉장 : 1주일
※ 절인 상태로

재료(2인분)

생연어 … 2토막
사이쿄미소 … 4큰술
미림술 … 2큰술
소금 … 적당량
간 무 … 적당량

만드는 법

1 연어에 소금을 뿌려 잠시 뒀다가 수분을 닦아내어 비린내를 제거한다.

2 볼에 사이쿄미소와 미림술을 섞어둔다.

3 지퍼백 또는 플라스틱 용기 등의 밀폐 용기에 **1**과 **2**를 담아 냉장고에서 하룻밤 이상 절인다.

4 **3**의 연어를 꺼내 미소를 깨끗이 제거한 뒤 그릴에서 굽는다. 그릇에 담고 간 무를 곁들인다.

* 예로부터 사이쿄라고 불리던 교토에서 만들던 미소다. 쌀누룩이 많이 들어가며 색이 옅고 질감이 매끄러우며 단맛이 난다.

5분 만에 완성되니 기다리지 않아 좋다! 전갱이와 참깨 소스는 먹기 직전에 살짝 무치자. 시간이 흐르면 물기가 생기기 때문.

한데 모아 칼로 다지기만 하면 끝! 남은 재료는 뭉쳐서 구우면 보소반도 명물 '산가야키' 느낌이 난다. 아이들도 만들 수 있는 정말 쉬운 레시피.

작은 아이디어만 더해도 감동

전갱이회 참깨 무침

후쿠오카의 명물 '고마사바'를 변형! 진한 양념 맛이 안주로도 적격!

재료(2인분)

횟감용 전갱이 살 … 1마리 분량
⊙ 참깨 소스
| 만능 간장 … 2작은술
| 미림술 … 1작은술
| 깨소금 … 1큰술
고추냉이 … 적당량
잘게 썬 쪽파 … 적당량
잘게 썬 김 … 적당량

만드는 법

1 전갱이는 뼈 부분을 잘라내거나 뼈를 발라낸 뒤 두께 5mm 정도로 어슷하게 저민다.

2 볼에 참깨 소스 재료와 고추냉이를 넣고 섞은 다음 **1**을 넣고 무친다.

3 그릇에 담고 파와 김을 뿌린다.

10분이면 '일품 술안주' 완성!

다진 회 양념 무침

선술집보다 맛있게! 술이 술술 들어간다!

재료(2인분)

횟감용 전갱이 살 … 1마리 분량
⊙ A
| 단 미소 … 1큰술
| 간 생강 … 적당량
| 다진 대파 … 1/2대 분량
잘게 썬 쪽파 … 적당량
차조기 잎 … 적당량

만드는 법

1 뼈를 발라낸 전갱이 살을 거칠게 썰고, **A**와 섞는다. 그런 다음 칼로 두드려 잘게 다진다.

2 그릇에 차조기 잎을 깔고 **1**을 담은 뒤 쪽파를 뿌린다.

재료 '본연의 맛'을 살린

고품격 도미 조림

15분
만능 간장 + 미림술

품격 있는 맛에 온 가족이 감동! '고급 일식집의 맛'을 집에서!

재료(2인분)

도미살 … 2토막
얇게 썬 생강 … 1조각 분량
⊙ 조림 국물
  물 … 100mL
  만능 간장 … 2큰술
  미림술 … 1큰술
동글게 썬 연근 … 적당량
동글게 썬 영귤 … 적당량

만드는 법

1 냄비에 조림 국물 재료를 넣고 강한 불에 올려 한소끔 끓인다.

2 도미와 생강을 1에 넣고 조림용 뚜껑을 덮어 중간 불에서 10분 동안 조린다. 도중에 연근을 넣어 조린다.

3 그릇에 2의 도미와 연근을 담고 영귤을 곁들인다.

이 점이 핵심!

멸치는 양념 전에 볶아서 수분을 날려야 식감이 좋아진다!

멸치의 칼슘이 접시 한가득! 최고의 간식 & 안주

흑식초 멸치 볶음

10분

만능 간장 + 미림술

은은하게 퍼지는 흑식초 맛이 환상!

뒀다 먹어도
OK!

냉장 : 1주일

재료(2인분)

멸치 … 30g
흑식초 … 2큰술
설탕 … 1큰술
만능 간장 … 1작은술
미림술 … 1큰술
생강즙 … 적당량
볶은 참깨 … 적당량

만드는 법

1 약한 불에 불소수지 가공한 프라이팬을 올리고 멸치를 볶아 수분을 날린 다음, 그릇에 옮긴다.

2 흑식초, 설탕, 만능 간장, 미림술, 생강즙을 프라이팬에 넣고 부글부글 거품이 오를 때까지 약한 불에서 끓인다. 여기에 1의 멸치를 넣어 잘 섞고 마무리로 참깨를 뿌린다.

3 종이 포일 위에 2를 펼쳐 식힌다.

※ 재우는 시간은 제외

15분

만능 간장

생선을 싫어하는 사람도 대만족!

방어 양념 튀김

바삭하게 튀긴 생선과 간장 양념의 조화로운 맛이 폭발한다!

재료(2인분)

방어 … 2토막
⊙ 간장 소스
　만능 간장 … 1큰술
　간 마늘 … 약간
　간 생강 … 약간
전분 … 적당량
튀김 기름 … 적당량
경수채, 배추, 방울토마토 … 적당량

만드는 법

1 방어는 한입 크기로 비스듬히 썬다.

2 간장 소스 재료를 비닐백에 부어 섞은 다음 거기에 방어를 넣어 30분 동안 재운다. 방어를 꺼내 물기를 제거한 뒤 전분을 묻혀 170도 기름에 튀긴다.

3 **2**의 방어를 그릇에 담고 먹기 좋게 썬 경수채, 배추, 방울토마토를 곁들인다.

이 점이 핵심!

아이들도 쉽게 만들 수 있으니 함께 만들어보자!

※ 양념에 재우는 시간과 말리는 시간은 제외

10분 만능 간장 + 미림술

'나만의 일식 건어물'을 직접 만들어보자

간장 발라 말린 전갱이

바짝 말리지 않아 촉촉함이 살아있다!

뒀다 먹어도
OK!

냉장 : 5일
냉동 : 1개월
※ 물기 뺀 상태로

재료(2인분)

전갱이 살 … 2마리 분량

만능 간장 … 40mL

미림술 … 20mL

볶은 참깨 … 적당량

만드는 법

1 지퍼백에 전갱이 살을 넣고 만능 간장, 미림술을 붓는다. 최대한 공기를 빼고 지퍼를 닫아 냉장고에서 하룻밤 숙성시키면 맛이 배어든다.

2 **1**의 전갱이를 꺼내 수분을 제거한 다음, 평평한 채반 위에 올려놓고 참깨를 뿌린다. 그 상태로 냉장고에 넣어 하룻밤 둔다.

3 **2**의 전갱이를 그릴에서 5분 정도 굽는다.

양파 식초로 만드는 드레싱

드레싱은 미리 만들어 놓지 말고 먹기 직전에 먹을 만큼만 만드는 것이 좋다. '양파 식초'에 재료만 더하면 손쉽게 다양한 맛을 낼 수 있다. 신선한 채소의 단맛을 한층 살려주는 드레싱에 도전해보자! 취향에 따라 참기름 등 오일을 추가해도 좋다.

소화를 돕는 '간 무' 덕에 채소 섭취가 늘어난다! 중독성 최고!

간 무 드레싱

재료

양파 식초 ⋯ 3큰술
만능 간장 ⋯ 3큰술
간 무 ⋯ 1큰술(취향껏 조절)

양파 식초 + 만능 간장 5분

유자즙과 유자 후추*의 매혹적인 향기, 성숙한 품격

유자 드레싱

재료

양파 식초 ⋯ 3큰술
만능 간장 ⋯ 3큰술
유자즙 ⋯ 1작은술
유자 후추 ⋯ 1/2~1작은술

양파 식초 + 만능 간장 5분

* 유자 껍질과 고추를 섞은 매운 페이스트. 규슈의 특산품이다.

참깨와 단 식초의 친근한 맛

참깨 드레싱

재료

양파 식초 ⋯ 1큰술
만능 간장 ⋯ 3큰술
혼합 미소* ⋯ 1작은술 반
깨소금 ⋯ 1작은술

양파 식초 + 만능 간장 5분

* 누룩의 종류나 산지가 다른 두 종류 이상의 미소를 섞은 것.

간장을 이용한 기본 맛

일본풍 간장 드레싱

재료

양파 식초 ⋯ 2큰술
간장 ⋯ 2큰술
미림술 ⋯ 2작은술

양파 식초 + 미림술 5분

두유와 미소의 환상 궁합!

순한 맛 두유 드레싱

재료

양파 식초 ⋯ 3큰술
단 미소 ⋯ 1큰술
두유 ⋯ 3큰술

양파 식초 + 단 미소 5분

올리브유로 이탈리아의 풍미를!

간편 이탈리안 드레싱

재료

양파 식초 ⋯ 2큰술
올리브유 ⋯ 2큰술
소금, 후추 ⋯ 적당량

양파 식초 5분

단 미소와 양파 식초의 놀라운 만남

미소 양파 드레싱

재료

양파 식초 ⋯ 2큰술
단 미소 ⋯ 1큰술
만능 간장 ⋯ 1작은술

양파 식초 + 단 미소 + 만능 간장 5분

제 5 장

영양 듬뿍!　　아이들도 잘 먹는 채소 요리!

미리 만들어둬도 OK!

'채소 요리'

남아도는 재료가 '명품 요리'로 변신!
첨가물이 없는 전통 양념을 사용해 채소를 싫어하던 사람도 환영!
몸에도 좋고, 가계도 절약하고, 남는 재료도 알뜰하게 활용하는 참 좋은 레시피 모음.

이 점이 핵심!

전골은 육수 맛이 깊어야 질리지 않는다. 닭고기 육수로 감칠맛을 한층 끌어올리자!

채소를 넉넉히 먹을 수 있어 좋다! 산뜻한 간장 맛

채소 듬뿍 전골

10분

만능 간장

몸도 마음도 뜨끈해지는 건강한 절약 요리

재료(2인분)

'일식 육수' … 500mL
　　※ 만드는 법은 42쪽 참조
만능 간장 … 50mL
술 … 2큰술
◉ 전골 재료
　│ 좋아하는 채소
　│ 　(배추, 경수채, 팽이버섯, 대파 등) … 적당량
　│ 닭고기 넓적다리살 … 50~100g(원하는 만큼)
　│ 두부 … 적당량

만드는 법

1　전골 재료를 먹기 좋은 크기로 썬다.

2　냄비에 '일식 육수', 만능 간장, 술을 넣고 한소끔 끓인다.

3　**2**의 냄비에 **1**을 넣고 익으면 먹는다.

이 점이 핵심!

냉장고 속 채소와 과일을 깍둑썰고 '양파 식초'로 무치기만 하면 끝. 부드러운 신맛과 단맛 덕에 편식하던 아이들도 자꾸 찾는다!

집에 있는 채소와 과일로 만드는

무지개색 주사위 과일샐러드

5분

양파 식초

보는 맛도 일품! 파티 음식으로도 최고!

재료(2인분)

오이 … 1/3개
방울토마토 … 2개
무 … 1cm
당근 … 1/4개
⊙ 제철 과일 ※ 집에 있는 것 뭐든 OK
│ 사과 … 1/4개   키위 … 1/2개
│ 배 … 1/4개   바나나 … 1/2개
│ 파인애플 … 3조각
양파 식초 … 적당량

만드는 법

1 채소와 과일은 1~2cm 크기로 깍둑썬다.

2 1을 볼에 담고 양파 식초를 넣어 무친다. 이때 양파 건더기도 함께 넣는다.

※ 밥 짓는 시간과 표고버섯 불리는 시간은 제외

20분

만능 간장 + 단 식초 + 미림술

대충 만들어도 식탁이 빛난다!

파티용 간편 섞음 초밥

채소를 다양한 모양으로 썰어 더욱 화려하게!

재료(2인분)

쌀 … 2인분

◉ 초밥 식초
  단 식초 … 50mL
  소금 … 1작은술

마른 표고버섯 … 2개

표고버섯 불린 물 … 200mL

당근 … 1/3개

연근 … 1/4개

우엉 … 약 1/4대

껍질콩(스냅피) … 4개

달걀 … 2개

만능 간장 … 1큰술

미림술 … 1큰술

소금 … 약간

식용유 … 적당량

볶은 참깨 … 적당량

만드는 법

1. 표고버섯은 물에 담가 하룻밤 냉장고에서 불린 다음 채썰고, 연근은 부채꼴로, 우엉은 어슷썬다. 당근은 꽃 모양으로 깎아 썬 다음 껍질콩과 함께 소금물에 데치고, 껍질콩은 반으로 자른다.

2. 냄비에 1의 표고버섯, 연근, 우엉과 표고버섯 불린 물, 만능 간장을 넣고 중간 불에서 바짝 졸인다.

3. 달걀은 볼에 풀어 미림술과 소금을 넣어 섞고 식용유를 두른 프라이팬에서 달걀말이를 만든 뒤, 1cm 크기로 깍둑썬다.

4. 초밥 식초의 재료를 섞은 다음, 밥에 초밥 식초를 넣어 섞고 나서 2를 넣어 다시 섞는다. 그 위에 1의 껍질콩, 당근, 3의 달걀말이를 올려 장식하고 참깨를 뿌린다.

056

양배추 없는 코울슬로! 남은 채소 몽땅 활용!

뭐든지 코울슬로

15분

단 식초

냉장고 속 채소를 남김없이 활용하자!

재료(2인분)

배추 … 3~4장
양파 … 1/4개
당근 … 1/2개
옥수수 캔 … 3큰술
단 식초 … 1큰술
마요네즈 … 1큰술
흑후추 … 적당량
다진 파슬리 … 적당량

만드는 법

1 채소는 채썰어 소금 1/4작은술(분량 외)을 뿌려둔 다음, 잠시 뒤 물기를 짜낸다.

2 볼에 **1**의 채소와 옥수수를 넣고 단 식초, 마요네즈, 흑후추를 섞은 소스로 버무린다. 마무리로 파슬리를 뿌린다.

이 점이 핵심!

청경채, 시금치, 쑥갓 등 녹색
채소는 뭐든 OK!

수수한 모양새, 알고 보면 깊은 맛!

간장 소스 오히타시*

15분

만능 간장

직접 낸 육수로 고급스러운 반찬을!

재료(2인분)

순무잎 … 한 포기

경수채 … 한 포기

⊙ 간장 소스

‘일식 육수’ … 200mL

※ 만드는 법은 42쪽 참조

만능 간장 … 1작은술

소금 … 약간

채썬 유자 껍질 … 적당량

만드는 법

1 녹색 채소는 각각 살짝 데친다. 먹기 좋은 크기로 자르고 물기를 꼭 짠다.

2 간장 소스를 만든다. 냄비에 ‘일식 육수’, 만능 간장을 넣고 한소끔 끓인 뒤 소금으로 간 한다. 식으면 보관 용기에 붓고 1을 재워 맛이 배게 한다.

3 2를 그릇에 담고 간장 소스를 끼얹은 뒤, 고명으로 유자 껍질을 올린다.

* ‘오히타시’는 녹색 채소를 데친 다음 간장 소스에 재운 음식을 말한다.

이 점이 핵심!

두부 마요네즈는 일반 마요네즈와 똑같이 쓸 수 있다. 냉장 보관하되 1주일 이내에 소진할 것!

산뜻한 일본식 샐러드의 반가운 맛! 한층 더 건강한 맛!

참마 샐러드

20분

단 식초

감자보다 당질이 적은 참마에 두부 마요네즈를 섞어 건강 만점!

재료(2인분)

참마 … 1/5개

오이 … 1개

당근 … 1/5개

양파 … 1/8개

⊙ 두부 마요네즈 ※ 만들기 편한 양

순두부(연두부도 가능)

  ※ 체에 받쳐 물기를 뺀 것

    … 175g

샐러드유 … 25mL

단 식초 … 1큰술 반

소금, 후추 … 적당량

만드는 법

1 참마는 잘 씻어서 껍질째 두껍게 썰어 찐다.

2 참마를 찌는 동안 두부 마요네즈를 만든다. 순두부, 샐러드유, 단 식초를 블렌더나 핸드 믹서를 이용해 크림 상태가 될 때까지 갈아 섞은 다음, 소금과 후추로 간을 맞춘다.

3 오이와 당근, 양파는 얇게 썰어 소금과 후추(분량 외)를 뿌려둔다.

4 3의 채소를 꼭 짜서 수분을 없애고 1을 더한 다음, 2의 두부 마요네즈를 적당량 넣어 버무린다. 그릇에 담는다.

간편해서 늘 준비해 두고 싶은

초스피드 냉동 채소 샐러드

※ 채소 냉동 시간은 제외

10분 단 식초 + 양파 식초 + 만능 간장

냉동 후 수분을 짜내는 만큼 채소를 많이 먹을 수 있다.

재료(2인분)

양배추 … 4장
당근 … 1/2개
◉ 드레싱
　단 식초 … 2큰술
　양파 식초 … 2큰술
　만능 간장 … 5mL

만드는 법

1 양배추와 당근은 먹기 좋은 크기로 잘라 지퍼백에 넣어 평평하게 모양을 잡는다. 공기를 잘 빼고 냉동한다.
　※ 얇게 펴서 냉동해야 해동하기 쉽다.

2 먹기 직전에 드레싱을 만든다. 채소는 해동해서 수분을 짠 뒤, 드레싱을 원하는 만큼 끼얹는다.

샐러드풍 아사즈케*

신맛이 적당해 제철 채소를 듬뿍 섭취할 수 있다!

※ 양념하고 재우는 시간은 제외

5분

만능 간장 + 양파 식초

재료(2인분)

오이 … 1개

부채꼴로 썬 무 … 3cm 분량

　※ 제철 채소나 남는 채소 등 뭐든 OK!

채썬 유자 껍질 … 적당량

⊙ A

　물 … 4큰술

　소금 … 1작은술

　만능 간장 … 2큰술

　양파 식초 … 2큰술

만드는 법

1 비닐백에 **A**의 재료를 넣는다.

2 오이와 무는 먹기 좋은 크기로 썰어 **1**에 넣고 비닐째 손으로 주무른 뒤, 5~10분 그대로 둔다.

3 **2**를 냉장고에 넣고 30분 정도 재운다. 그릇에 담고 고명으로 유자 껍질을 올린다.

이 점이 핵심!

시판 '아사즈케 소스'를 사지 않고도 쉽게 만들 수 있으니 꼭 도전해보자!

* '아사즈케'는 채소를 소금이나 조미액에 살짝 얼간한 음식을 말한다.

이 점이 핵심!

단골 맛집의 맛을 흉내 내보
았다. 전채, 입가심용, 안주용
으로도 좋지만, 간단히 한 접
시 더 내고 싶을 때 아주 그만
이다!

5분이면 충분하다! 멈출 수 없는 무한 매력

양배추 소스

하카타 꼬칫집의 양배추 소스를 재현!

5분

단 식초

뒀다 먹어도
OK!

냉장 : 1개월
(달콤 소스)

재료(2인분)

양배추 ··· 적당량

⊙ 달콤 소스

　단 식초 ··· 50mL

　옅은 색 간장* ··· 1작은술

　깨소금 ··· 적당량

만드는 법

1　양배추는 큼직큼직하게 썬다.

2　달콤 소스의 재료를 섞어 **1**의 양배추를 찍어 먹는다.

* 일본 간장에는 매우 다양한 종류가 있는데, 옅은 색 간장(우스구치 간장)은 콩과 밀로 만들었으며 쌀로 만든 아마자케를 넣어 단맛이 은은하게 돈다. 소금이 많이 들어
가는 탓에 옅은 색을 띤다.

062

제 **6** 장

덮밥 섞음밥

남녀노소 누구나 좋아하는!

'밥 요리'

'남은 밥을 맛있게 먹는 방법을 알려달라'는 요청이 있어
누구나 좋아하는 '밥 요리'의 알짜 레시피를 소개한다.
바쁠 때도 후딱 만들 수 있는 든든한 엄선 레시피 10선!

> **이 점이 핵심!**
>
> 고등어 통조림의 국물까지 사용해 영양분을 몽땅 섭취하자! 소스의 양은 취향껏 조절하면 된다.

영양 만점 고등어 통조림의 대변신! 영양을 통째로

고등어 통조림 덮밥

5분

단 미소 + 미림술

EPA, DHA, 단백질……. 건강 담은 절약 요리!

재료(2인분)

밥 … 2공기
무염 고등어 통조림 … 1캔
단 미소 … 50g
미림술 … 50mL
오이 … 1개

만드는 법

1　볼에 단 미소와 미림술을 섞어둔다.

2　프라이팬에 고등어 통조림을 국물까지 붓는다. 살을 풀어가면서 약한 불에서 볶는다. 여기에 **1**을 넣고 중간 불에서 수분을 날리듯 볶는다.

3　**2**를 밥 위에 올리고 채썬 오이를 곁들인다.

게맛살과 달걀만 있으면 OK! 대충해도 훌륭한

게살 달걀 덮밥

15분 · 만능 간장 + 단 식초

바쁠 때도 훌륭한 맛!

재료(2인분)

밥 … 2공기
달걀 … 4개
게맛살 … 4줄 ※ 가능하면 게살 통조림으로
식용유 … 적당량
◉ 단 식초 전분 소스
　물 … 100mL
　만능 간장 … 1작은술
　단 식초 … 2큰술
　소금 … 약간
　전분물 … 적당량

만드는 법

1 냄비에 단 식초 전분 소스의 재료를 넣고 중간 불에 올린다. 걸쭉해지면 불
을 끈다.

2 프라이팬에 식용유를 두르고 달걀물과 결대로 찢은 게맛살을 넣고 가볍게
섞으면서 중간 불에서 폭신폭신하게 익힌다.

3 그릇에 밥을 담고 **2**를 올린 뒤 **1**을 끼얹는다. 취향에 따라 쪽파 등을 뿌린다.

065

군침 도는 모양새! 자꾸만 먹고 싶은

닭고기 소보로 덮밥

15분 | 만능 간장 + 미림술

도시락으로도 딱!

재료(2인분)

밥 … 2공기
달걀 … 2개
다진 닭고기 … 100g
다진 양파 … 1/2개 분량
간 생강 … 적당량
미림술 … 1큰술
만능 간장 … 1큰술
소금 … 약간
식용유 … 적당량
소금물에 데친 껍질콩(그린빈) … 적당량

만드는 법

1 볼에 달걀을 풀고 미림술과 소금을 더한다. 프라이팬에 식용유를 두르고 중간 불에서 가열하다가 달걀물을 붓고 젓가락으로 휘저어 스크램블 상태(소보로)를 만든 다음 따로 담아 둔다

2 프라이팬에 식용유를 두르고 양파를 중간 불에서 볶는다. 다진 닭고기, 생강을 넣어 살짝 볶다가 만능 간장을 넣고 간이 밸 때까지 볶는다.

3 그릇에 밥을 담고 **1**과 **2**를 반씩 올린 뒤, 어슷썬 껍질콩을 고명으로 올린다.

이 점이 핵심!

다진 닭고기는 너무 볶으면 딱딱해지니 주의한다!

이 점이 핵심!

와규라도 자투리 부위를 사면 저렴하면서도 놀랄 만큼 맛있는 소고기덮밥을 만들수 있다!

일등 일식 덮밥! 덮밥계의 절대 강자

와규 소고기 덮밥

5분

만능 간장

집에서 즐기는 감동의 맛!

재료(2인분)

밥 … 2공기
얇게 썬 와규 … 200g
얇게 썬 양파 … 1/2개 분량
'일식 육수' … 200mL
    ※ 만드는 법은 42쪽 참조
만능 간장 … 4큰술
쪽파 … 적당량

만드는 법

1 냄비에 양파와 '일식 육수', 만능 간장을 넣어 중간 불에 올린다.

2 양파가 투명해지면 와규를 넣고 익을 때까지 끓인다.

3 사발에 밥을 담고 **2**를 올린다. 잘게 썬 쪽파를 뿌린다.

이 점이 핵심!

있는 재료로 재빨리 만들 수 있는 절약 요리다. 간편하게 활용하자!

콩 제품으로 몸에 좋은 덮밥을! 저지방 고영양

천둥 두부 덮밥

10분

만능 간장

두부 볶는 소리가 천둥 소리를 닮아 붙은 이름

재료(2인분)

밥 … 2공기
두부(※ 물기 뺀 것) … 1모
대파 … 1/2대
튀김옷 알갱이 … 2큰술
만능 간장 … 2큰술
참기름 … 적당량

만드는 법

1 냄비에 참기름을 두르고 대파를 어슷썰어서 강한 불에서 볶는다.

2 두부를 손으로 으깨 1의 냄비에 넣는다. 튀김옷 알갱이도 넣는다.

3 만능 간장을 넣어 간을 맞춘다.

4 밥을 사발에 담고 3을 올린 다음, 취향에 따라 잘게 썬 김 등을 뿌린다.

이 점이 핵심!

산뜻한 맛으로 즐기려면 식초로 양념한 밥(56쪽의 만드는 법 4 참조)을 이용하자!

저렴한 참치살로 호화로운 덮밥을! 회보다 맛있는

참치 절임 덮밥

10분

만능 간장

바쁠 때도 휘리릭 만들 수 있는 반가운 메뉴

재료(2인분)

밥 … 2공기
참치살(슬라이스 또는 횟감) … 120g
만능 간장 … 1큰술
술 … 약간
⊙ 고명
　채썬 차조기 잎 … 적당량
　얇게 썬 양하 … 적당량
　고추냉이 … 약간
볶은 참깨 … 적당량

만드는 법

1 지퍼백에 참치살과 만능 간장, 술을 넣고 5분 정도 재워둔다.

2 사발에 밥을 담고 **1**의 참치살을 올린 다음, 참치살을 재웠던 간장 소스를 끼얹는다. 고명을 올리고 참깨를 뿌리면 완성.

닭고기와 우엉의 황금 콤비! 초간단 섞음밥

닭고기 우엉 밥

15분

만능 간장 + 미림술

남은 밥이 드라마틱한 메뉴로 변신!

재료(2인분)

밥 … 2공기
닭고기 넓적다리살 … 100g
우엉 … 1/2대
당근 … 1/5개
'일식 육수' … 200mL
　※ 만드는 법은 42쪽 참조
만능 간장 … 1큰술
미림술 … 1큰술

만드는 법

1 우엉은 어슷썰고, 당근은 채썰고, 닭고기는 잘게 썬다.

2 냄비에 '일식 육수', 만능 간장, 미림술을 넣고 우엉과 당근을 넣어 중간 불에서 조린다.

3 우엉이 익으면 닭고기를 넣어 익힌다. 건더기를 체로 건져 국물을 분리한다. 국물은 다시 끓여 양이 1/3로 줄 때까지 졸인다.

4 밥에 3의 건더기와 졸아든 국물을 넣고 섞어서 그릇에 담는다.

밥에 국물이 배어 감칠맛 폭발!

쫄깃한 바지락 덮밥

15분

만능 간장

입맛 당기는 바지락의 감칠맛이 천하일품!

재료(2인분)

밥 … 2공기
해감한 바지락 … 300g
당근 … 50g
대파 … 1/2대
유부 … 1장
　(뜨거운 물을 부어 기름기를 뺀 것)
만능 간장 … 1큰술
술 … 100mL

만드는 법

1 당근은 채썰고 대파는 잘게, 유부는 길쭉하게 썬다.

2 냄비에 바지락과 술을 넣고 뚜껑을 덮어 강한 불로 가열한다. 바지락이 입을 벌리면 불을 끈 뒤, 바지락을 꺼내 살을 발라낸다.

3 2의 국물에 만능 간장과 당근, 대파, 유부, 바지락 살을 넣어 조린다. 건더기를 체로 건져 국물을 분리한다. 국물은 다시 끓여 양이 1/3로 줄 때까지 졸인다.

4 밥에 건더기와 졸아든 국물을 넣고 섞어서 그릇에 담는다.

이 점이 핵심!

바지락을 해감할 때는 3% 소금물(물 500mL + 소금 1큰술)에 담가 서늘하고 어두운 곳에 10~30분 둔다. 남은 바지락은 3% 소금물에 담가 냉동하면 해동 후에도 살이 통통하다!

중화요리 '홍소육'*을 쉽게 변형!

돼지고기 찜 덮밥

10분

만능 간장 + 미림술

중국 느낌을 물씬 풍기는 육즙 가득 고기덮밥!

재료(2인분)

밥 … 2공기
잘게 썬 돼지고기 … 100g
다진 마늘 … 1쪽 분량
다진 생강 … 1조각 분량
물 … 적당량
만능 간장 … 1큰술
미림술 … 1큰술
팔각 … 1개
참기름 … 적당량

※ 삼겹살에 간장과 여러 가지 향신료를
넣고 오래 찌는 중국 요리.

만드는 법

1 프라이팬에 참기름을 두르고 약한 불에서 마늘, 생강을 볶는다. 향이 나면
돼지고기를 넣고 중간 불에서 볶는다.

2 고기가 잠길 정도로 물을 붓고 만능 간장과 미림술, 팔각을 넣어 조린다.

3 국물이 졸아들면 불을 끄고 갓 지은 밥에 섞어 그릇에 담아낸다.

이 점이 핵심!

중화요리에 자주 쓰이는 팔
각은 특유의 향이 강하므로
취향껏 양을 조절한다. 구하
기 어려우면 오향분(36쪽 참조)
으로 대체할 수 있다.

이 점이 핵심!

조금 남은 장어를 히쓰마부시*풍으로 변형! 소스에 장어 대가리와 꼬리를 넣고 조리면 깊은 풍미를 낼 수 있다!

'장어 + 달걀 소보로'에 눈까지 호강

히쓰마부시풍 장어 덮밥

15분 만능 간장 + 미림술

진한 장어 맛에 만족감이 급상승!

재료(2인분)

밥 … 2공기
장어구이 … 1/2마리
◉ 장어 소스
　물 … 100mL
　만능 간장 … 1큰술
　미림술 … 1큰술
달걀 … 1개
미림술 … 1작은술
소금 … 적당량
식용유 … 적당량
잘게 썬 김, 파드득나물 … 적당량

만드는 법

1　장어에 대가리와 꼬리가 붙어 있을 때는 따로 잘라둔다. 몸통은 먹기 좋은 크기로 자른다.

2　냄비에 장어 소스 재료, 장어 대가리와 꼬리(있을 경우)를 넣고 조린다. 대가리와 꼬리는 건져낸다.

3　볼에 달걀을 풀고 미림술, 소금을 넣고 섞는다. 프라이팬에 식용유를 두르고 달걀물을 붓고 저어가며 볶아 달걀 소보로를 만든다.

4　밥에 2를 잘 섞고 그 위에 3의 달걀 소보로, 잘게 썬 김, 장어를 올린 다음, 고명으로 파드득나물을 올린다.

※ 나고야의 명물로 꼽히는 장어 덮밥이다. 한 그릇을 처음에는 장어구이와 밥만을 섞어 먹고, 두 번째는 파, 김 등 양념을 넣어 비벼 먹고, 세 번째는 차나 육수를 부어 먹는 세 가지 방식으로 즐긴다.

주먹밥 레시피

주먹밥 재료도 쉽게 만들 수 있다. 미리 만들어두면 다른 음식에 활용할 수도 있다. 다채로운 응용 주먹밥 8개를 소개한다.

자꾸만 생각나는 깊은 맛
단 미소 주먹밥

 5분   단 미소

재료	단 미소 … 적당량 밥 … 적당량
만드는 법	**1** 주먹밥 재료로 단 미소를 넣기만 하면 끝.

고소함이 식욕을 부른다!
맛참깨 주먹밥

10분 만능 간장

※ 맛참깨는 냉동고에서 3개월 보관 가능

재료
⊙ 맛참깨 ※ 만들기 편한 양
| 볶은 참깨 … 5큰술 만능 간장 … 1큰술
밥 … 적당량

만드는 법
1 볼에 참깨와 만능 간장을 섞어 참깨에 간이 배게 한다.
2 프라이팬에 국물을 제거한 **1**을 넣고 약한 불에서 젓가락으로 저어가며 볶는다. 참깨가 서로 달라붙어 작은 덩어리가 생기면 불을 끈다.
3 여열에서 잠시 휘젓다가 그대로 식힌다. 덩어리는 손으로 부순다.
4 밥에 **3**을 섞어 주먹밥 모양을 잡는다.

매실 페이스트는 만들어두면 편리
매실 주먹밥

10분 미림술

※ 매실 페이스트는 냉장고에서 6개월 보관 가능

재료
⊙ 매실 페이스트 ※ 만들기 편한 양
| 매실 절임(과육이 많은 것) … 큰 것 5~6개
| 미림술 … 2~3큰술
밥 … 적당량

만드는 법
1 매실 절임을 체에 걸러 페이스트 상태를 만든다.
2 페이스트 양의 1/10 정도 되는 미림술을 섞어 부드럽게 만든다.
3 주먹밥 속에 **2**를 넣는다.
※ 드레싱이나 회 소스, 매실차 등에 활용하면 편리!

미소 + 삼겹살로 만족감이 쑥쑥!
미소 삼겹 주먹밥

10분 만능 간장 + 단 미소

※ 미소 삼겹은 냉동고에서 2주일 보관 가능

재료
⊙ 미소 삼겹 ※ 만들기 편한 양
| 삼겹살 … 100g 만능 간장 … 2큰술
| 단 미소 … 50g 볶은 참깨 … 적당량
밥 … 적당량

만드는 법
1 다진 삼겹살을 프라이팬에서 넣고 약한 불에서 볶는다.
2 미리 섞어 놓은 만능 간장과 단 미소를 **1**에 넣어 양념한다. 마무리로 참깨를 섞는다.
3 주먹밥 속에 **2**를 넣는다.

육수 건더기를 버리지 않고 재활용
가다랑어포 다시마 주먹밥

10분 · 만능 간장

재료	육수 건더기 조림 … 적당량
	※ 만드는 법은 100쪽 참조
	밥 … 적당량
만드는 법	1 주먹밥 속에 '육수 건더기 조림'을 넣고 모양을 잡는다.

시간 걸리는 유부초밥을 주먹밥으로
다진 유부 주먹밥

10분 · 만능 간장 + 미림술

재료	◉ 양념 유부 ※만들기 편한 양
	유부 … 1장 (뜨거운 물을 부어 기름기를 뺀 것)
	만능 간장 … 1큰술 미림술 … 1큰술
	밥 … 적당량

※ 다진 유부는 냉동고에서 1주일 보관 가능

만드는 법	1 유부는 아주 잘게 다진다.
	2 냄비에 1과 만능 간장, 미림술을 넣어 끓인다.
	3 밥에 2를 섞어 주먹밥 모양을 잡는다.

촉촉한 명란젓은 '안주'로도 아주 그만!
구운 명란젓 주먹밥

10분 · 미림술

재료	◉ 명란젓 굽기 ※만들기 편한 양
	냉동 명란젓 … 적당량 미림술 … 적당량
	밥 … 적당량
만드는 법	1 명란젓을 냉동 상태에서 살짝 데친다. 표면이 하얗게 변하면 건져서 키친타월로 물기를 닦는다.
	2 1이 뜨거울 때 붓으로 미림술을 바른 뒤 토치로 살짝 그을린다.
	3 주먹밥 속에 2를 넣고 모양을 잡는다.

만능 간장은 구운 뒤에 발라야 고소해진다!
구운 주먹밥

5분 · 만능 간장

재료	만능 간장 … 적당량
	밥 … 적당량
만드는 법	1 프라이팬에 알루미늄 포일을 깔고 주먹밥을 강한 불에서 굽는다.
	2 표면이 눌으면 붓으로 만능 간장을 바르고 고소한 향이 날 때까지 더 굽는다.

주방의 보물! '무첨가' 수제 조미료

늘 사 먹던 조미료. 알고 보면 첨가물 없이도 쉽게 만들 수 있다.
이제는 미리 준비해두자. 만들기는 쉽지만, 맛은 훨씬 좋다!

리얼 치킨 콩소메

진짜 채소와 고기로 만들어 감동의 맛이다!

15분 / 만능 간장

재료

다진 닭고기 … 100g
잘게 썬 양파 … 1/4개
만능 간장 … 1/2작은술
참기름 … 1작은술
⊙ A
  소금 … 1/2작은술
  굴소스 … 1/4작은술
  백후추 … 약간
  '간편 오리지널 중화 향신료' … 1/2작은술
  ※ 오른쪽 아래 참조

※ 냉동고에서 1개월 보관 가능

만드는 법

1 양파를 중간 불에서 참기름에 볶는다.
2 약간 색이 나면 닭고기를 넣어 볶는다.
3 만능 간장과 A를 넣어 소보로 상태로 만든다. 한 김 식으면 키친타월로 여분의 기름을 흡수한 뒤, 지퍼백에 넣고 공기를 빼서 모양을 평평하게 잡아 냉동 보관한다.

'리얼 치킨 콩소메'와 '대박 중화 육수 가루'의 사용법 : 15×10cm 정도 크기로 냉동 보관했다가 수프, 라멘 등에 깊은 맛을 더할 때 적당량을 잘라 넣는다.

대박 중화 육수 가루

라멘, 볶음밥, 각종 볶음엔 이것만 있으면 OK!

15분

재료

다진 돼지고기 … 100g   다진 양파 … 1/4개 분량
다진 닭고기 … 50g   참기름 … 1작은술
⊙ A
  굴소스 … 1/2작은술
  백후추 … 1/4작은술 소금 … 1작은술
  사오싱주 … 1작은술 오향분 … 약간
  간편 오리지널 중화 향신료 … 1/2작은술
  ※ 아래 참조

※ 냉동고에서 1개월 보관 가능

만드는 법

1 양파를 중간 불에서 참기름에 볶다가 돼지고기, 닭고기를 넣어 볶는다.
2 A를 넣고 여분의 기름은 키친타월로 흡수한다.
3 한 김 식으면 지퍼백에 넣고 '리얼 치킨 콩소메'처럼 공기를 뺀 다음 모양을 평평하게 잡아 냉동 보관한다.

간이 약할 때는 '만능 간장'을 1/2작은술 추가한다.

간편 오리지널 중화 향신료

'생강2 : 마늘1'을 섞기만 하면 되는 간편 아이템!

재료

시판 마늘가루 … 10g
시판 생강가루 … 20g

만드는 법

1 마늘가루와 생강가루를 섞어 밀폐 용기에 보관한다.
  ※ 밀폐 용기에 담아 3개월 보관 가능

간편 일본식 두반장

두반장 맛 조미료도 내 손으로 완성!

5분 ※ 숙성 시간은 제외

재료

고춧가루(중간 입자) … 50g
술 … 150mL
만능 간장 … 2작은술
소금 … 2작은술

※ 상온에서 1개월 보관 가능

만드는 법

1 병에 고춧가루를 넣는다.
2 술, 만능 간장, 소금을 넣고 상온에서 3일 이상 숙성시킨 뒤 사용한다.

만능 간장

과일맛 유자 폰즈

감귤류 즙을 추가해 풍미를 화려하게

10분

재료

물 … 100mL
육수용 다시마 채 … 약 2g
유자즙 … 20mL
만능 간장 … 100mL
단 식초 … 60mL

※ 냉장고에서 2주일 보관 가능

만드는 법

1 냄비에 물과 다시마를 넣고 가열하다가 끓으면 불을 끈다.
2 다시마는 채로 건져내고 유자즙, 만능 간장, 단 식초를 더해 한소끔 끓인다.
3 한 김 식으면 밀폐 용기에 담아 보관한다.

만능 간장 ＋ 단 식초

초간단 유자 소금

유자 후추보다 간단! 염분이 적어 좋다!

10분

재료

청유자 … 1개
소금 … 1작은술 미만
  ※ 청유자는 8~10월에 나온다.

※ 냉장고에서 1개월 보관 가능

만드는 법

1 유자 껍질은 갈아서 수분을 가볍게 짜낸다.
2 소금 1작은술 정도(1의 10% 정도 중량)를 섞어 지퍼백에 넣고 모양을 평평하게 잡아 냉동한다. 국이나 무침에 소량 넣으면 향이 좋다.

모든 조미료는 미리 만들어 놓고 쓸 수 있지만, 먹기 직전에 만드는 것이 가장 좋다.

제 7 장

간단하게 때우고 싶은 날도 있다!

날마다 먹고 싶은!

'면 요리'

시판 소스 없이 입맛 당기는 면 요리를 만들어보자.
'마법 양념'만 있으면 누구나 반하는 면 요리가 순식간에 완성된다.
집에서도 쉽게 만들 수 있는 '명물 면 요리'도 소개한다.

폭신폭신 촉촉한 유부가 감동적! 군침 도는 비주얼

유부 우동

15분

만능 간장

'만능 간장'으로 조린 유부에 만족도가 UP!

재료(2인분)

우동 면 ⋯ 2인분
'일식 육수' ⋯ 800mL
　　※ 만드는 법은 42쪽 참조
만능 간장 ⋯ 80mL
잘게 썬 대파 ⋯ 적당량
유부 ⋯ 1장(뜨거운 물을 부어 기름을 뺀 것)
⦿ A
　'일식 육수' ⋯ 100mL
　　※ 만드는 법은 42쪽 참조
　만능 간장 ⋯ 1큰술
　미림 ⋯ 1큰술

만드는 법

1　냄비에 '일식 육수', 만능 간장을 넣고 한소끔 끓여서 국물을 만든다.

2　유부는 반으로 잘라 A의 재료로 조린다.

3　삶은 우동 면을 그릇에 담고 **2**의 유부를 올린 뒤 **1**을 붓는다. 대파를 곁들이면 완성.

이 점이 핵심!

마무리로 소금을 한 꼬집 더
하면 맛이 깔끔하게 잡힌다.
취향에 따라 얇게 썬 가다랑
어포를 올려 먹어도 좋다!

이 점이 핵심!

단순한 음식이라 장국의 풍
미가 더욱 중요!

감칠맛 소면

10분

만능 간장 + 미림술

직접 만든 무첨가 소스 덕에 소면의 맛이 더욱 돋보인다!

재료(2인분)

소면 … 2인분
⊙ 소스
 │ '간편 농축 장국!' … 50mL
 │ ※ 만드는 법은 42쪽 참조
 │ 물 … 50mL
⊙ 고명
 │ 쪽파 … 적당량
 │ 양하 … 적당량

만드는 법

1 소면은 삶아서 찬물에 헹군 다음 그릇에 담는다.

2 '집에서 만드는 간편 농축 장국!'과 물을 섞어 소스를 만들고, 잘게 썬 고명을 곁들인다.

이 점이 핵심!

나고야 명물 '미소 우동'을 가정용으로 쉽게 변형! 진한 미소 맛을 좋아하는 사람은 '단 미소'의 양을 늘리면 된다.

뜨끈하고 푸짐해서 온몸이 후끈! 깊은 맛!

나고야식 미소 우동

15분 단 미소 + 만능 간장

집에서 손쉽게 즐기는 나고야식 '미소 우동'!

재료(1인분)

우동 면 … 1인분
물 … 300~350mL(취향에 따라 조절)
'일식 육수' … 1큰술 ※ 만드는 법은 42쪽 참조
단 미소 … 1큰술
만능 간장 … 1작은술
닭고기 넓적다리살 … 50g
대파 … 적당량
유부 … 적당량
달걀 … 1개

만드는 법

1 질냄비에 물, '일식 육수'와 단 미소, 만능 간장을 넣고 한소끔 끓인다.

2 1에 우동 면과 한입 크기로 자른 닭고기, 길쭉하게 썬 유부를 넣고 중간 불에서 잠시 끓인다.

3 2에 어슷썬 대파와 달걀을 넣고 뚜껑을 덮은 다음, 불을 끄고 1분간 뜸을 들인다.

토마토 산라탕*식 라멘

15분

만능 간장

토마토의 산미가 국물의 맛을 끌어올린다!

재료(2인분)

중화면(생면) … 2인분

토마토 … 1개

양파 … 1/4개

생목이버섯 또는 물에 불린 건조 목이버섯
… 2장

달걀 … 1개

물 … 600mL

'리얼 치킨 콩소메' … 적당량

※ 만드는 법은 76쪽 참조

만능 간장 … 1큰술

쌀식초 … 적당량

소금 … 약간

라유 … 적당량

* 돼지고기, 두부, 죽순 등을 넣고 시큼
하고 매콤하게 끓인 중국 탕 요리.

만드는 법

1 토마토는 잘게, 양파는 얇게 썰고 목이버섯은 채썬다.

2 냄비에 물과 '리얼 치킨 콩소메'를 넣고 불을 켠 다음 토마토, 양파, 목이버섯을 넣고 끓인다.

3 2에 만능 간장과 쌀식초를 넣고 소금으로 간을 맞춘다. 달걀을 풀어 넣고 라유를 뿌린다.

4 그릇에 삶은 중화면을 넣고 뜨거운 3을 끼얹는다.

이 점이 핵심!

'리얼 치킨 콩소메'는 무첨가
조미료라 질리지 않는 맛을
낸다! 다양한 요리에 영리하
게 활용하자.

순한 맛 소스 볶음면

10분

단 식초

부드러운 신맛 덕에 아이들도 대환영!

재료(2인분)

볶음면용 면(삶아진 것) … 2인분
양배추 … 4장
삼겹살 … 80g
숙주 … 1/2봉지
참기름 … 1큰술
⊙ 볶음면 소스 ※만들기 쉬운 양
   우스터 소스 … 200mL
   설탕 … 1큰술 반
   전분 … 4작은술
   단 식초 … 2큰술
가다랑어포 … 적당량
파래 가루 … 적당량

만드는 법

1 볶음면 소스 재료를 냄비에 넣고 잘 녹인다.

2 볶음용 팬에 참기름을 두르고 강한 불에서 삼겹살을 볶는다. 여기에 채썬 양배추와 숙주를 넣고 볶다가 면을 넣고 잘 풀어 볶는다. 1의 볶음면 소스 4 큰술을 넣어 간을 맞춘다.

3 2를 그릇에 담고 가다랑어포와 파래 가루를 뿌린다. 취향에 따라 생강초절임을 곁들인다.

이 점이 핵심!

설탕과 '단 식초'를 이용해 만든 소스라 우스터 소스의 강한 맛을 싫어하는 사람도 OK! 남은 소스는 냉장고에서 1개월은 보관할 수 있다.

이 점이 핵심!

자극적인 맛을 더하고 싶으면 라유를 뿌려도 OK!

이와테 명물 요리를 변형!

고소하고 되직한 자자멘*

고기볶음 소스 덕에 배가 든든!

15분 단 미소 + 미림술

재료(2인분)

우동 건면 … 200g
다진 돼지고기 … 100g
다진 양파 … 1/2개 분량
다진 마늘 … 1쪽 분량
참기름 … 1큰술
⊙ A
　단 미소 … 4큰술
　미림술 … 1큰술
　간 생강 … 1작은술
고수 … 적당량

* 일본식 짜장면.

만드는 법

1　양파는 잘게 다지고, A는 볼에 섞어둔다.

2　프라이팬에 참기름을 두르고 마늘을 넣어 약한 불에서 볶는다. 향이 나면 중간 불로 줄여서 양파를 넣어 볶고 투명해지면 돼지고기를 넣어 볶는다.

3　A를 2에 넣어 볶는다.

4　우동 면을 삶아 물기를 뺀 다음, 참기름(분량 외)에 버무려 그릇에 담는다. 면 위에 3을 올리고 고수를 뿌린다.

발효 조미료 '미소'

일본 전국 미소 지도

'미소'는 일본 각지에서 그 지역의 기후풍토와 음식문화에 맞는 방식으로 만들어졌다. 지도에서 보듯 지역성이 잘 드러난다는 점이 특징이다. 이 책에서 소개한 '마법 양념' 중 하나인 '단 미소'는 다양한 미소 중에서도 아카미소로 만들면 좋다.

붉은색의 아카미소와 황갈색의 시로미소는 모두 쌀미소로서 대두의 비율이 높은데 숙성 기간이 길수록 색이 붉어진다.

'핫초미소'는 100% 콩을 장기 숙성시킨 것이다. '아카다시미소'는 콩미소와 쌀미소를 적절히 배합한 '혼합 미소'이며, 다시마와 가다랑어포로 낸 육수 등을 섞은 것도 '아카다시미소'라 부른다.

기온이 높은 규슈 지방의 경우, 예전에는 보리미소를 많이 먹었지만, 현재는 보리누룩과 쌀누룩을 혼합해서 만든 '쌀보리 혼합 미소'를 주로 먹는다.

'미소 절임' 등에 쓸 때는 쌀이 많이 들어간 시로미소가 잘 어울린다. 시로미소 중에서도 깊은 단맛을 내는 '사이쿄미소'를 쓰면 좋다.

쌀미소	
콩미소	
보리미소	

출처 : 일본 농림수산성 홈페이지 '종류별 일본 전국 미소 지도'

● **시로미소와 사이쿄미소의 차이**
45쪽에 소개한 '연어 미소 절임 구이' 등에 들어가는 '시로미소'는 누룩의 비율이 높아 '발효'가 아닌 '당화'가 제조 과정의 중심을 이룬다. 숙성 기간이 짧은 것이 특징이며 그만큼 원료의 품질이 그대로 드러나게 된다. 일반 미소와는 맛과 향이 모두 다르며 단맛이 강하다.

만드는 법이나 특성의 차이는 없지만, 교토에서 만들어진다는 점과 제조 과정, 품질, 기타 조건이 충족되면 '사이쿄미소'로 부른다.

● **핫초미소란?**
'콩미소'의 일종. 원래는 도쿠가와 이에야스가 태어난 오카자키성에서 핫초(현재 거리로 약 870m) 떨어진 콩미소집을 가리키는 말이었다.

전통 방식으로 나무통에 콩과 소금을 섞어 넣은 뒤 그 위로 돌을 쌓아 올려 장기 숙성시키는 것이 특징이다.

이 책에 소개한 '마법 양념' 중 하나인 '단 미소'는 2년 이상 숙성한 '쌀미소'로 만드는 것이 가장 좋지만, 구하기 어려울 때는 콩미소를 써도 된다. 80쪽에 소개한 '나고야식 미소 우동' 등은 '핫초미소'로 만들면 더 깊은 풍미를 즐길 수 있다.

제 8 장

프로 애주가가 진심으로 만들었다!

\ 술이 술술 들어가는! /

'저염 안주'

먹고 싶었던 인기 안주부터 술자리 마무리용 오차즈케까지!

재료의 맛을 잘 살리는 선술집 안주 맛을 집에서도 쉽게 낼 수 있다.

건강을 고려해 염분까지 줄였다! 애주가가 환호하는 안주 레시피에 도전해보자.

'단 식초 소스'로 산뜻하게!

유자향 건강 두부탕

10분

만능 간장 + 단 식초

육수를 낸 다시마도 같이 먹을 수 있는 몸에 좋은 건강식

재료(1인분)

두부 … 1모
육수용 다시마 채 … 적당량
물 … 300mL
⊙ 소스
　'과일맛 유자 폰즈'
　　※ 만드는 법은 76쪽 참조
⊙ 고명
　잘게 썬 쪽파 … 적당량
　유자 후추 … 적당량
채썬 유자 껍질 … 적당량

만드는 법

1　냄비에 물, 다시마 채, 6등분한 두부를 넣고 끓인다. 한소끔 끓으면 불을 끈다.

2　두부 위에 유자 껍질을 뿌린다. 고명을 넣은 소스에 두부를 찍어 다시마와 같이 먹는다.

이 점이 핵심!

필자도 최고로 꼽는 안주인 '철판'구이 오징어! 구할 수 있으면 화살오징어가 좋다. 100% 쌀로 빚은 사케와 최고의 궁합이다!

통통한 오징어가 '만능 간장'을 만났다! 고소해서 좋다!

최강의 오징어 구이

5분

만능 간장

사케에 곁들이면 엄지 척!

재료(2인분)

내장을 제거한 오징어 … 1마리
만능 간장 … 적당량
청유자 … 약간

만드는 법

1 오징어는 링 모양으로 썬다.

2 오징어는 체에 올린 상태로 끓는 물에 담근다(바쁠 때는 오징어에 뜨거운 물을 끼얹어도 된다).

3 오징어가 흰색을 띠며 통통하게 익으면 건져서 프라이팬에 넣는다. 중간 불에서 갈색이 날 때까지 굽다가 만능 간장을 넣어 버무린다.

4 얇게 썬 청유자를 곁들여 낸다.

이 점이 핵심!

편의점 어묵탕의 조리법을 활용했다. 미리 얼려 단시간에 맛이 깊이 배게 한 것. 육수에 담근 상태로 냉동 보관이 가능하다!

육수가 밴 무에 몸도 마음도 후끈! 진한 육수 맛

미소 소스 삶은 무

놀랄 만큼 빠르게 만들 수 있다!

※ 냉동 시간은 제외

25분

단 미소 + 단 식초

뒀다 먹어도
OK!
냉동 : 1개월

재료(2인분)

무 … 1/2개

'일식 육수' … 적당량

※ 만드는 법은 42쪽 참조

⊙ 미소 소스

| 단 미소 … 2큰술
| 단 식초 … 1큰술

만드는 법

1 무는 껍질을 벗기고 2cm 두께로 동글게 썬다. 지퍼백에 무와 무가 충분히 잠길 만큼의 '일식 육수'를 넣고 하룻밤 냉동한다.

2 냉동된 상태로 육수까지 같이 지퍼백에서 꺼낸다. 이를 냄비에 넣고 무가 부드러워질 때까지 20분 정도 익힌다. 국물이 줄어들면 '일식 육수'를 추가한다.

3 다른 냄비에 미소 소스 재료를 넣고 약한 불에서 윤기가 날 때까지 잘 저어준다.

4 그릇에 **2**의 무를 담고 **3**의 미소 소스를 끼얹는다.

꼭 익혀야 할 대표 요리! 전문가의 맛

육수 달걀말이

10분

미림술

달걀말이를 잘 만드는 당신은 이미 프로 요리사!

재료(2인분)

달걀(왕란) … 3개

'일식 육수' … 60mL

※ 만드는 법은 42쪽 참조

미림술 … 1큰술

소금 … 적당량

식용유 … 적당량

간 무 … 적당량

만드는 법

1 볼에 달걀을 풀고 '일식 육수', 미림술, 소금을 넣어 잘 섞는다.

2 달걀말이 팬에 식용유를 부은 뒤 여분의 기름을 슬쩍 닦아낸다. 중간 불에서 팬을 데운 다음 달걀물을 1/3쯤 붓는다. 반숙 상태가 되면 뒤집개로 한쪽으로 말아준다.

3 다시 식용유를 바르고 빈 자리에 남은 달걀물의 반을 붓는다. 이때 말린 달걀 아래쪽으로도 달걀물이 들어가도록 한다. 반숙 상태가 되면 다시 한번 말아준다.

4 같은 과정을 한 번 더 반복하면 완성! 그릇에 담고 간 무를 곁들인다.

'겨자 초미소'만 알아도 일식 전문가! 선술집풍으로 선보인다!

문어 오이 겨자 초미소 무침

10분 · 단 식초

문어와 오이의 환상 궁합에 겨자 초미소로 악센트!

재료(2인분)

삶은 문어 ⋯ 50g

오이 ⋯ 1개

소금 ⋯ 적당량

⊙ 초미소

| 사이쿄미소(또는 시로미소) ⋯ 40g

| 단 식초 ⋯ 2작은술

| 연겨자 ⋯ 적당량

만드는 법

1 볼에 초미소 재료를 섞어둔다. 오이는 얇게 동글게 썬 다음 소금을 뿌려 뒀다가 물기를 짠다. 문어는 먹기 좋은 두께로 얇게 썬다.

2 그릇에 문어와 오이를 담고 초미소를 곁들이거나 무쳐 먹는다.

이 점이 핵심!

국물도 내고 건더기로도 먹는 다시마 채는 일식 조리의 기본 재료다!

5분

다시마, 가다랑어포 국물의 끝내주는 맛! 담백한 맛!

맛국물 오차즈케

육수를 낸 다시마 채가 식감을 살린다!

재료(1인분)

따뜻한 밥 ⋯ 1공기
다시마 채 ⋯ 적당량
가다랑어포 ⋯ 적당량
매실 절임 ⋯ 1개
뜨거운 물 ⋯ 적당량
★ 곁들임 반찬(취향에 따라)
　'육수 건더기 조림'(100쪽 참조),
　'맛깔나는 김조림'(101쪽 참조) 등 취향대로

만드는 법

1 따뜻한 밥 위에 다시마 채와 가다랑어포, 매실 절임을 올린다.

2 뜨거운 물을 붓고 육수를 낸 다시마나 '육수 건더기 조림'과 같이 먹는다.

요리 실력이 쑥쑥!
있으면 편리한 조리 도구

'좋은 냄비'는 행복을 낳는다!

식자재나 조미료에 까다로운 사람은 많은데 냄비는 어떨까? 알고 보면 냄비는 제3의 조미료라고 할 수 있다.

좋은 냄비를 쓰면 식자재가 가진 최상의 맛을 지킬 수 있고 영양 손실도 적어진다. 가격이 조금 비싸더라도 만족감이 커지므로 까다롭게 고르는 것이 이득이다!

『좋은 냄비의 조건』

❶ **화학반응이 일어나기 어려운 냄비** … 알루미늄 등 산에 약한 재질, 가열했을 때 유해 물질이 나오는 재질은 피하자.

❷ **무겁고 뚜껑이 꼭 닫히는 냄비** … 무수분, 무유분 조리가 가능한 것이 좋다.

❸ **내구성이 뛰어나 오래 쓸 수 있는 냄비** … 처음부터 신중하게 선택해야 오래 쓸 수 있다.

'칼'이 잘 들면 조리가 즐겁다!

조리 시 식자재를 맨 처음 가공하는 도구가 칼이다. 무딘 칼로 썬 재료는 끓이거나 구울 때 열기가 고르게 전달 되지 않는다. 회나 토마

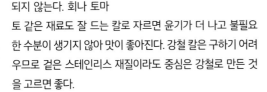

토 같은 재료도 잘 드는 칼로 자르면 윤기가 더 나고 불필요한 수분이 생기지 않아 맛이 좋아진다. 강철 칼은 구하기 어려우므로 겉은 스테인리스 재질이라도 중심은 강철로 만든 것을 고르면 좋다.

'양념절구'를 애용하자

양념절구는 깨 등을 빻을 때뿐 아니라 무침을 할 때나 채소와 드레싱을 섞을 때도 이용한다. 양념절구를 이용하면 양념이 재료에 고르게 잘 묻으므로 볼에서 섞을 때보다 맛이 좋아진다.

이게 진짜 철판! '철 프라이팬'

철 프라이팬은 내구성도 좋고 손질하기도 쉬워 하나 장만 해 두는 것이 좋다. 철 프라이팬을 고를 때 는 '무게'와 '두께'에 주목해야 한다. 열을 균일하게 가해야 하 는 스테이크 등에는 '두꺼

운' 것이 좋다. 손에 익은 철 프라이팬은 재료가 잘 눌어붙지 않아서 볶음뿐 아니라 찜, 구이 등 만능으로 쓸 수 있다.

없으면 아쉬운 '깔때기'

액체나 가루를 입구가 좁은 용기로 옮길 때 쓰는 원뿔 모양 도구다. 스테인리스 재질, 플라스틱 재질 등이 있다. '만능 간장'과 '단 식초' 등은 한 번에 많이 만들어두

는데, 깔때기를 이용하면 용기에 옮기는 과정에서 흘릴 염려가 없다.

초보자에게 권하는 '주방용 온도계'

요즘은 시간과 온도를 설정할 수 있는 레인지도 나와 있다. 하지만 튀김이나 찜 등을 할 때 온도계를 쓰면 초보자라도 실패할 확률이 낮아지므로 장만해 두면 여러모로 편하다. 가격은 비싸더라도 방수 기능이 있는 디지털 온도계를 추천한다.

제 9 장

식탁의 레퍼토리가 늘어난다!

수제 '육수 식초'로
건강식까지 휘리릭!

육수에 식초를 배합한 시판 조미료가 활용도가 높다는 이유로 인기를 끌고 있다.
9장에서는 다섯 가지 '마법 양념'의 번외편으로
첨가물 없이 만드는 오리지널 '육수 식초'와 이를 이용한 입맛 당기는 레시피를 소개한다.

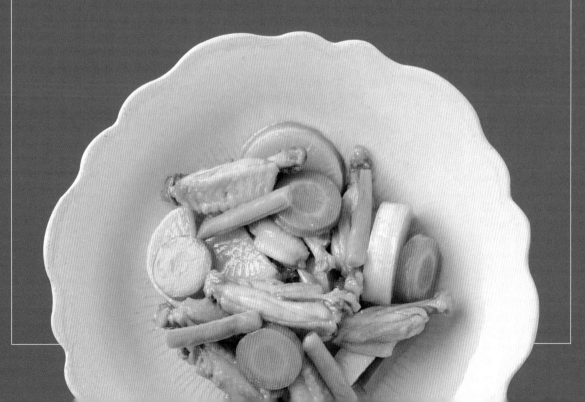

이 점이 핵심!

일본에서 선풍적인 인기를 끈 '육수와 단 식초 배합 조미료'. 집에서 첨가물 없이 만들어 쓰자!

어디든 잘 어울리는 만능 조미료

육수 식초

첨가물 없이 직접 만들어 안심하고 맘껏 활용!

5분

단 식초

뒀다 먹어도
OK!

냉장 : 1개월

재료   ※ 만들기 편한 양

◉ A

단 식초 … 100mL

'일식 육수' … 50mL

※ 만드는 법은 42쪽 참조

간장 … 1과 1/3큰술

레몬즙 … 2큰술

소금 … 1과 2/3작은술

가다랑어포 … 한 줌

만드는 법

1 냄비에 **A** 재료를 넣고 한소끔 끓인다. 가다랑어포를 넣고 불을 끈다.

2 한 김 식으면 체에 거른 뒤 용기에 담아 냉장고에 보관한다.

이 점이 핵심!

폰즈로 조리는 것이 정석이지만, '육수 식초'를 쓰면 더 순한 맛을 낼 수 있다. 식초 덕에 닭고기 식감이 폭신폭신해질 것이다.

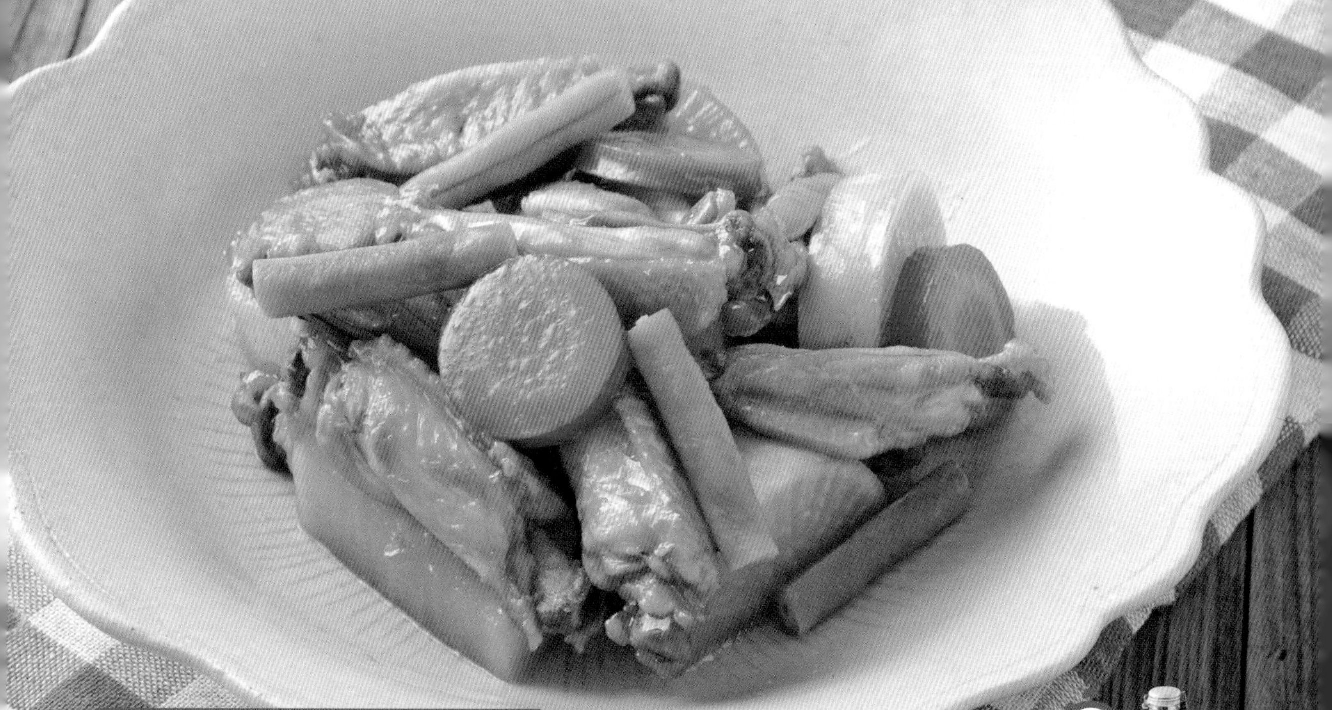

통통하고 부드러운 닭고기의 순한 맛

육수 식초 닭날개 조림

25분

육수 식초

폰즈 대신 '육수 식초'!

재료(2인분)

닭날개 또는 닭봉 … 8개
무 … 4cm
당근 … 1/4개
물 … 100mL
육수 식초 … 100mL
간장 … 1큰술
살짝 데친 껍질콩 … 2개

만드는 법

1 무는 반달로 썰고 당근은 둥글게 썬다.

2 냄비에 닭날개, 무, 당근, 물, 육수 식초, 간장을 넣고 강한 불에서 뚜껑을 덮어 가열한다. 끓으면 약한 불에서 20분간 조린다.

3 채소가 부드러워지면 뚜껑을 열고 불을 강한 불로 키워서 윤기 나게 국물을 졸인다. 그릇에 담고 먹기 좋은 크기로 자른 껍질콩을 고명으로 올린다.

이 점이 핵심!

'한 그릇 더' 필요할 때, 있는 채소로 간단히! '육수 식초'를 쓰면 색다른 맛을 낼 수 있다.

이 점이 핵심!

겨자 맛이 톡 쏘는 '육수 식초'는 안주에도 잘 어울린다! 아이들에게 줄 때는 연겨자를 빼고 만들자.

깨 식초 시금치 무침

10분

육수 식초

채소를 싫어하던 아이도 맛있게 냠냠!

재료(2인분)

시금치 … 1/2단
육수 식초 … 1큰술
깨소금 … 적당량

만드는 법

1 끓는 물에 소금(분량 외)을 넣고 시금치를 데친다. 찬물에 헹궈 물기를 짜낸 뒤, 먹기 좋은 크기로 썬다.

2 육수 식초, 깨소금을 섞어 **1**을 무친다.

중화풍 겨자 소스 가지 찜

10분

육수 식초

금세 만들 수 있어 한 그릇 더 필요할 때 딱!

재료(2인분)

가지 … 2개
⊙ 겨자 소스
  육수 식초 … 1큰술
  참기름 … 1작은술
  연겨자 … 적당량
  잘게 썬 대파 … 3cm 분량

만드는 법

1 가지는 꼭지를 떼고 세로로 2등분한 다음, 세로 방향으로 여러 갈래 칼집을 낸다.

2 찜기에 가지를 넣고 5분간 찐다. 겨자 소스 재료를 볼에 넣고 섞어둔다.

3 **2**의 가지를 그릇에 담고 가지가 뜨거울 때 겨자 소스를 끼얹는다.

양식과 일식의 조화를 끌어낸 육수 식초! 횟감용 생선살로 만드는

상큼 카르파초*

5분

육수 식초

'육수 식초'는 올리브유와도 환상의 궁합!

재료(2인분)

횟감용 흰살생선(도미 등) ⋯ 2인분
방울토마토 ⋯ 4개
⊙ 드레싱
　육수 식초 ⋯ 1큰술
　올리브유 ⋯ 1큰술
　흑후추 ⋯ 적당량
다진 파슬리 ⋯ 적당량

만드는 법

1　방울토마토는 4등분한다.

2　볼에 드레싱 재료를 섞어둔다.

3　접시에 생선살을 보기 좋게 담고 2의 드레싱을 끼얹는다. 1의 방울토마토
　로 장식하고 파슬리를 뿌린다.

＊ 익히지 않은 소고기, 송아지고기, 사슴고기, 연어, 참치 등에 소스를 뿌려 내는 이탈리아 전통 요리.

제 **10** 장

'저장식과 밑반찬'

한 그릇 더 필요할 때도, 곁들임 요리나 고명으로도 손색없는 저장식과 밑반찬.
틈틈이 후딱 만들어두면 든든하게 쓰이는 음식들만 모았다!
남아도는 재료를 마지막까지 맛있게 먹을 수 있는 아이디어 레시피에 도전해보자.

이 점이 핵심!

육수를 낸 가다랑어포와 다시마가 순식간에 대변신!

지금껏 버리던 재료가 놀라운 맛으로!

육수 건더기 조림

재료

42쪽의 '일식 육수'에 들어간
다시마와 가다랑어포 ··· 약 10g
<u>만능 간장</u> ··· 2큰술
미림 ··· 1작은술
볶은 참깨 ··· 적당량

5분 만능 간장

※ 냉장고에서 1개월 보관 가능

만드는 법

1 육수를 낸 다시마와 가다랑어포를 냄비에 넣는다.

2 <u>만능 간장</u>, 미림을 넣고 중간 불에서 섞어가며 5분 정도 수분을 날린 다음, 참깨를 섞어 완성한다.

3 한 김 식으면 보관 용기에 담아 냉장고에 보관한다.

이 점이 핵심!

불을 안 쓰고도 쉽게 고급 후리카케를 만들 수 있다!

밥도 술도 술술 들어간다!

잔멸치 산초 후리카케

재료

말린 잔멸치 ··· 30g
<u>만능 간장</u> ··· 2큰술
산초 열매
(데친 뒤 물에 담가 아리고 쓴맛을 제거한 것) ··· 적당량

5분 만능 간장

※ 냉장 숙성 시간은 제외
※ 냉장고에서 3개월 보관 가능

만드는 법

1 잔멸치, 산초 열매, <u>만능 간장</u>을 섞어서 지퍼백에 넣고 전체가 잘 섞이도록 한 뒤, 공기를 뺀다.

2 냉장고에 하룻밤 뒀다가 여분의 물기는 제거한다. 그런 다음 넓은 접시에 키친타월을 깔고 그 위에 재료들을 펼쳐둔다.

3 그 상태로 냉장고에서 하룻밤 건조하면 완성.

이 점이 핵심!

눅눅했던 김의 깜짝 변신!

시판 제품 다 비켜!

맛깔나는 김조림

재료

구운 김 또는 조미김 ⋯ 5장

술 ⋯ 50mL   뜨거운 물 ⋯ 100mL

만능 간장 ⋯ 3큰술   미림술 ⋯ 2큰술

15분 | 만능 간장 + 미림술

※ 냉장고에서 2주일 보관 가능

만드는 법

1 볼에 뜨거운 물과 술을 붓고 김을 찢어 담근다.

2 냄비에 1의 김을 물기를 꼭 짜서 넣은 다음, 만능 간장, 미림술을 넣고 강한 불에서 걸쭉해질 때까지 저어가며 조린다. 수분이 날아가서 주걱으로 저었을 때 냄비 바닥이 보일 정도가 되면 약한 불로 줄인다.

3 수분이 없어지고 김에서 거품이 생기기 시작하면 불을 끄고 소금(분량 외)으로 간을 맞춘다.

4 향을 더하기 위해 만능 간장(분량 외)을 약간 넣어주면 완성. 한 김 식으면 용기에 담는다.

냉장고만 있으면 누구나 만든다!

말린 무 절임

재료

무 ⋯ 100g(3~4cm 정도)

⊙ 절임 소스

　간장 ⋯ 2큰술

　단 식초 ⋯ 2큰술

15분 | 단 식초

※ 건조 시간과 숙성 시간은 제외
※ 냉장고에서 2주일 보관 가능

만드는 법

1 껍질을 벗기지 않은 무를 2mm 두께로 부채꼴로 썬다.

2 볼에 1의 무를 넣고 1작은술 정도의 소금(분량 외)을 뿌려 10분쯤 둔다.

3 2를 체에 밭쳐서 가볍게 물에 헹군 다음, 넓은 접시에 펼치고 냉장고에서 3일간 건조한다.

4 3을 지퍼백에 넣고 무가 잠길 정도로 절임 소스 재료를 부어준다.

5 냉장고에 하룻밤 넣어 뒀다가 국물을 짜내면 완성. 취향에 따라 참깨를 뿌려도 맛있다.

이 점이 핵심!

햇볕에 말릴 필요 없는 아이디어 레시피!

이 점이 핵심!

생강의 풍미를 진하게 살린 훌륭한 반찬!

초밥에만 곁들이기는 너무 아까운

짭짤한 생강 초절임

재료

생강 ⋯ 100g
단 식초 ⋯ 적당량
물 ⋯ 500mL
소금 ⋯ 1큰술

20분 / 단 식초

※ 냉장 숙성 시간은 제외
※ 냉장고에서 1개월 보관 가능

만드는 법

1 생강은 껍질을 벗겨 최대한 얇게 썬다. 냄비에 물과 소금을 넣고 가열하고, 끓으면 생강을 넣어 조린다.

2 체에 밭쳐 물기를 뺀다.

3 한 김 식으면 지퍼백에 담고 생강이 잠길 만큼 단 식초를 붓는다.

4 냉장고에서 하룻밤 숙성시킨 다음 국물을 짜고 먹는다.

이 점이 핵심!

색이 고와 전통 설음식에도 활용할 수 있다!

자극 없는 신맛이 인기!

알록달록 무절임

재료

무 ⋯ 100g
당근 ⋯ 30g
냉동 유자 껍질 ⋯ 적당량
　　※ 만드는 법은 오른쪽 쪽 참조
다시마 채 ⋯ 적당량
단 식초 ⋯ 적당량

10분 / 단 식초

※ 냉장 숙성 시간은 제외
※ 냉장고에서 1주일 보관 가능

만드는 법

1 무, 당근은 얇게 썰어 먹기 좋은 크기로 자른다.

2 지퍼백에 1과 다시마, 유자 껍질을 넣은 다음, 재료가 모두 잠길 만큼 단 식초를 붓고 공기를 뺀다.

3 그 상태로 냉장고에서 20~30분 숙성시키면 완성.

나물밥 재료로도 굿!

산뜻한 무청

재료

무청 … 무 1개 분량   소금 … 2큰술

⏰ 10분 ※ 냉동고에서 6개월 보관 가능

만드는 법

1 냄비에 물 1L를 붓고 소금 2큰술을 넣어 끓인다.

2 무청은 줄기를 제거하고 잘게 썬 다음 손잡이가 달린 체에 올려 **1**의 냄비에 넣고 흔들면서 익힌다.

3 끓어오르면 체를 걷어 올리고, 한 김 식으면 물기를 꼭 짠다.

4 가열한 프라이팬에 무청을 넣고 주걱으로 뒤적이며 수분을 날린다. 포슬포슬해지면 완성.

이 점이 핵심!

무청 활용법으로 단연 최고!

요리의 마무리에 향기를 더하는

냉동 유자 껍질

재료

유자 … 적당량

⏰ 5분 ※ 냉동고에서 6개월 보관 가능

만드는 법

1 유자는 흰 부분을 최대한 피해서 칼로 껍질을 얇게 깎는다. 깎은 껍질은 채썬다.

2 넓은 접시에 종이 포일을 깔고 그 위에 채썬 유자 껍질이 서로 들러붙지 않도록 펼쳐서 냉동한다.

3 지퍼백에 담아 냉동 보관한다.

상하기 쉬운 생강, 이렇게 하면 걱정 없다!

냉동 슬라이스 생강

재료

생강 … 50g

⏰ 5분 ※ 냉동고에서 3개월 보관 가능

만드는 법

1 생강은 껍질째 2~3mm 두께로 썬다. 넓은 접시에 종이 포일을 깔고 생강이 서로 들러붙지 않도록 펼쳐서 냉동한다.

2 냉동 상태로 봉투에 옮겨 담고 냉동실에 보관한다.

얼린 상태로 갈아 쓸 수도 있다. 얼리면 생강의 섬유질이 파괴되어 생강즙을 내기 쉽다.

쓸 만큼만 꺼낼 수 있어 편하다!

껍질째 냉동한 쪽 마늘

재료

마늘 … 적당량

⏰ 5분 ※ 냉동고에서 6개월 보관 가능

만드는 법

1 마늘은 한 쪽씩 분리한 다음, 바로 쓸 수 있도록 위, 아래를 자르되 껍질을 벗기지 않고 그대로 냉동한다.

'맛있는' 음식은 인생을 풍성하게 한다!

'원점'으로 돌아가 '먹거리'의 소중함을 깨닫자.

'먹거리'가 무너지면 '밥상'이 무너지고, '밥상'이 무너지면 '가정'이 무너지며, '가정'이 무너지면 '사회'가 무너지고, 그리고 '사회'가 무너지면 '나라'가 무너진다.

전작 『인간이 만든 위대한 속임수 식품첨가물』에 이런 글을 썼다. 지금도 이 생각에는 변함이 없다.

일본에서 파는 식품 중에는 '세계로 수출할 수 없는 것도 많다'는 사실을 아는 사람이 얼마나 될까?

육수용 소스나 콩소메 원료로 흔히 쓰이는 '단백 가수분해물'만 해도 탈지 대두 등을 염산으로 분해해 감칠맛 요소를 추출한 것이다.

'단백 가수분해물'은 일본에서는 식품첨가물로 지정되어 있지 않아 사용기준도 없는 형편이다. 하지만 발암성 물질로 의심되는 '클로로프로판올(chloropropanol)류'가 포함되어 있다는 이유로 외국에서는 잔류기준이 마련되어 있다.

이런 물질을 아무렇지도 않게 사용하는 상황이 일본 가공식품의 현주소다.

한 가지 더 추가하자면 '화학조미료(감칠맛 조미료)'에는 유전자 조작 세균이 사용된다. 낫토나 스낵 과자 등을 살 때 성분 표시를 확인해 '유전자 변형 식품'을 피하는 사람도, 이런 내용은 표시가 없으니 피할 방법이 없다.

'일본의 먹거리'가 무너지고 있다

『인간이 만든 위대한 속임수 식품첨가물』은 단순히 식품첨가물의 위험성을 지적한 책이 아니다. 나는 그 책을 통해 **'일본의 먹거리가 무너지고 있다'**는 점을 호소하려 했다.

책은 폭발적으로 팔려나갔지만, 그로부터 15년이 지난 지금 일본의 먹거리가 안전하고 안심할 수 있게 바뀌었는지를 살펴보면 전혀 그렇지 않다. **점점 더 붕괴 일로를 걷는 중**이라고 해도 과언이 아니다.

'프롤로그'에서도 언급했듯 갈수록 집에서 음식을 만들지 않고 편의점이나 포장 도시락, 다 만들어진 반찬을 사 먹는 풍조가 퍼지고 있다. 편의점 오리지널 브랜드로 나오는 레토르트 반찬은 일대 히트 상품으로 부상했다. 신종 코로나의 영향으로 집에서 밥을 먹는 일이 늘면서 이 같은 경향은 점점 두드러지고 있다.

인터넷상에서 쉽게 볼 수 있는 '스피드 레시피'의 상당수는 '시판 소스'를 이용해 전자레인지에 돌려먹는 것들이다.

그 전자레인지 조리라는 것도 그릇 하나 없이 '지퍼 달린 저장 봉투'째 먹고 치우는 것이라 하니 놀라울 따름이다. 지퍼 달린 저장 봉투도 요즘은 똑바로 세울 수 있는 형태라 열어서 먹기만 하면 된다는 말이다.

한 번은 요리 연구가인 지인으로부터 **인기 요리 선생 수업에서도 육수용 소스나 시판 콩소메를 쓰지 않으면 좀처럼 학생이 모이지 않는다**는 이야기를 들었다.

이 책의 레시피 제작을 도와준 다카코 나카무라 씨처럼 육수용 소스를 쓰지 않는 요리 연구가는 소수가 되고 말았다.

'요리 전문가라는 사람들이 발암성 물질, 유전자 조작 세균으로 만든 육수용 소스와 화학조미료를 퍼뜨리는 게 말이 되느냐?'라고 '먹거리 전문가' 한 사람, 한 사람에게 따지고 싶은 마음이 굴뚝같다.

'간편한 먹거리'의 뒤에 숨겨진 마법

『인간이 만든 위대한 속임수 식품첨가물』에도 썼지만, '간편한 먹거리'는 다음과 같은 '마법'을 숨기고 있다.

- **싸다**(→ 적당한 재료, 공업용 조미료로 대량 생산한 획일적인 맛)
- **맛있다**(→ 대량의 유분·염분·당분, 화학조미료를 함유한 각종 농축액)
- **간단·편리하다, 데우기만 하면 된다**(→ 보존료 사용, 레토르트 또는 냉동식품)
- **먹음직스럽다**(→ 착색제, 발색제, 광택제 사용)

식품첨가물을 쓰면 어떤 식으로든 '편리하고' '맛있고' '먹음직스러운' 식품을 '싸게' 만들어낼 수 있는 것이다.

이런 식품첨가물을 많이 쓴 '가공식품'을 계속 먹으면 어떻게 될까?

2018년 프랑스 파리 제13 대학의 연구논문 데이터에 따르면 '초가공식품(Ultra Processed Foods)'*을 과다하게 섭취하면 암에 걸릴 위험이 커진다고 한다.

가공식품에 너무 많이 의지하면 자신뿐 아니라 소중한 가족의 건강까지 위험해질 수 있다.

무엇보다 이 식품들의 맛은 '가짜 맛'이다. **진짜 재료의 맛, 진짜 조리 기술로 끌어낸 '진정한 맛'**은 그 안에 존재하지 않는다.

그럼 우리는 무엇을 먹어야 할까? **가장 믿을 수 있는 먹거리는 그 땅에 사는 사람들이 자기 지역의 풍토와 기후 속에서 살아남기 위해 수백 년 세월 동안 축적해 온 '전통 먹거리'**가 아닐까?

이른바 **수백 년의 시간이 이룩한 '장대한 인체실험'**이니 **이보다 더 안전성이 증명된 것도 없을 것**이다.

'일식'을 재발견할 때다

일본의 전통 먹거리는 두말할 필요 없이 '일식'이다.

사시사철 얻을 수 있는 재료를 귀하게 여기고 그것을 활용해 만드는 '일식'은 면역력을 높여 몸을 건강하게 한다고 알려져 있다. **'채소를 듬뿍 섭취할 수 있다'는 점도 일식의 큰 장점**이다. 일본처럼 채소의 종류가 많은 나라도 많지 않다고 한다.

＊ 식품은 처리 과정의 정도에 따라 네 그룹으로 나뉜다. 미가공이나 최소 가공한 식재료, 가공(손질)된 식재료, 영양가와 신선도 유지를 위해 가공된 식재료, 맛과 질감이 첨가된 식재료(초가공)다. 초가공식품은 일반적으로 집에서 음식을 만들 때 넣지 않는 재료가 포함되며 산업화된 빵, 밀키트, 시리얼, 소시지, 훈제향을 입힌 가공육, 라면, 제과, 소스 등이 대표적인 예다.

코로나로 인해 '식생활 재평가'가 중요한 숙제로 떠오른 **지금이야말로 일식의 장점이 재평가받아야 한다**고 생각한다. 그리하면 '일식'의 장점이 일본인뿐 아니라 전 세계 사람에게 널리 퍼지지 않을까?

필자도 평소 국과 세 가지 반찬을 곁들인 '일식'을 챙겨 먹는다. 매 끼니 제철 유기농 채소 다섯 가지와 현미밥을 먹으려 노력 중이다.

지난 20년간 이렇게 먹었고 그 덕에 **감기 한 번 걸린 적이 없다.** '오늘은 다른 음식을 먹을까?' 하는 생각을 해본 적도 없다.

일본인은 유전자가 '일식'에 반응하는 것 같기도 하다.

실제로 강연회, 식생활 교육 강좌 등의 행사에서 아이들이 미소국이나 전통 조미료로 맛을 낸 채소나 톳, 무말랭이를 맛있게 먹는 모습을 볼 때마다 **'일식'이야말로 일본인의 DNA에 새겨진 소중한 식문화**라는 것을 실감한다.

아이들의 혀는 예민하다. 늘 식품첨가물과 화학조미료가 든 식품을 먹던 아이들도 '진짜 맛'에 한 번만 익숙해지면 하나같이 "이게 더 맛있어"라고 감탄한다.

하지만 식품첨가물의 '강렬한 맛'에 길든 아이들(어른도 마찬가지)에게 갑자기 먹거리를 바꾸어 주면 "싱겁다, 맛없다"라는 말을 한다. 그런 경우에는 **육수용 소스를 조금씩 줄이는 것이 습관을 바꾸는 요령**이다.

조금 비싸더라도 '안심할 수 있는 안전한 먹거리'를 먹자!

약 20년 전부터 나는 JAS*의 유기농 채소 판정원을 맡아 일해 왔다. 그동안 열심히 기른 채소가 팔리지 않아 어쩔 수 없이 유기농법을 포기하는 농부를 수없이 보았다.

눈에 띄지 않는 곳에서 일본의 전통 제조법을 지키며 장인의 경험을 바탕으로 만들어 오던 미소, 간장 창고도 하나, 둘 문을 닫고 있다.

대량 생산에 맞게 개량된 종자, 농약으로 키운 채소, 식품첨가물을 이용해 공업적으로 단기간에 생산한 조미료는 확실히 '싸고' '편리'하다. 이에 따라 시간을 들여 정성스레 만든 재료가 설 자리를 잃고 있다.

나는 '이래서는 안 된다!'는 심각한 위기감을 느꼈다. 그래서 강연 때마다 유기농 채소와 전통 조미료의 장점을 호소했고, 전용 강좌를 열기도 했다. 거기서 만난 사람 중 열의 아홉은 **"조금 비싸더라도 안심할 수 있는 안전한 채소와 조미료를 원한다"**고 했다.

반면, **"그런 재료로 '직접' 만들기는 시간도 없고 번거롭다……"**는 사람도 많았다. 분명 **많은 이들이 이렇게 생각할 것**이다.

그에 대한 답으로 이 책을 내놓는다. **여기에 소개한 레시피는 '시간 단축, 간편, 안심·안전'을 모두 충족하는 48년 전문가 인생의 집대성**이다.

가격 면에서도 채소와 기본 조미료를 이용해 손수 만들면 **의외로 큰돈이 들지 않는다. 유기농 채소를 이용해 직접 만드는 것이 다 만들어진 반찬을 사 오는 것보다 싼** 예도 적지 않다.

* 식품, 농림수산품과 그 취급 등의 방법에 관해 정한 일본 정부의 규격이다. 정부가 인정한 기관으로부터 시설, 생산관리, 품질관리, 검사 등의 체제가 충분하다고 인증받은 사업자에게는 JAS 마크가 부여된다.

'비효율'이야말로 '집밥의 맛'을 만드는 요소

다섯 가지 '마법 양념'은 '시간 단축, 간편, 안심·안전'을 실현한 것이다. 이 정도도 만들기 번거롭고, 만들어 며칠 숙성시키기조차 귀찮다고 느낄지 모른다. 확실히 '편리함'이라는 면에서는 전자레인지에 데워 봉투를 뜯기만 하면 되는 레토르트 반찬을 당할 재간이 없을 것이다.

하지만 속는 셈 치고 한번 만들어보기 바란다. 만약 다섯 가지 '마법 양념' 중 하나만 만들 거라면, **우선 '만능 간장'부터 시작하기**를 권한다. 책을 보면 알겠지만, '만능 간장'만 있어도 정말 많은 요리를 만들 수 있기 때문이다.

"맛있어요!" 하고 웃는 아이의 얼굴을 보고 나면 수고가 수고스럽게 느껴지지 않을 것이고, 더 만들고 싶은 의욕도 생길 것이다. 한 번만이라도 **감동을 느껴보면, 번거롭다는 귀찮음이 사라지고 요리가 즐거워질 것이다.**

그리고 이런 식생활이 시작되면 더는 시판용 소스를 사 먹고 싶지 않을 것이다.

온갖 것을 다 합리화하고 빠르게 해치우는 시대다. 하지만 **'비효율'이야말로 집밥의 맛, 집밥의 장점을 만드는 요소**다.

마지막으로……

이 책은 내가 지난 15년간 휘갈겨 둔 방대한 메모를 바탕으로 엮은 것이다. 책을 만드는 과정에서 늘 나를 이해해주는 요리 연구가 다카코 나카무라 씨의 도움을 많이 받았다.

절묘한 변형과 플레이팅에 관한 아이디어는 다카코 나카무라 씨의 힘을 많이 빌렸다. 진심으로 고맙게 생각한다.

밥상에 정성을 쏟으면 온 가족이 건강해지고 마음이 편안해진다. 세상이 바쁘게 돌아갈수록 조금 더 궁리하고 먹거리의 소중함을 깨달았으면 좋겠다.

이 책이 그런 계기를 제공할 수 있다면 진심으로 기쁘겠다.

2021년 8월 아베 쓰카사

필자가 15년 이상 기록한 방대한 양의 레시피 메모

'일식'을 사랑하는 마음

필자인 아베 쓰카사 씨와 나는 **'사람들이 직접 음식을 만들어 먹었으면 좋겠다'**는 바람을 가지고 있다.

아베 쓰카사 씨는 오랫동안 식품첨가물의 위험성을 호소해 왔다.

식품첨가물을 피하고 싶으면 음식을 만드는 것이 가장 좋은 방법이다.

그것이 건강한 식생활의 지름길이다.

시중에 나오는 먹거리 중에 '간단'하고 '편리'하면서 '저렴'한 데다 '안전'하기까지 한 것은 거의 없다.

싼 데는 이유가 있고 비싼 데도 그만한 이유가 있으니까 말이다.

그래서 아베 쓰카사 씨와 나는 **다섯 가지 '마법 양념'**을 만들었다.

이것만 있으면 **간단하고 편리하며 저렴하고 안전한 먹거리**를 만들 수 있다. 그리고 여기에는 무엇보다 **'월등한 맛'이라는 최고의 부가가치**가 붙는다.

나도 처음에는 '미림술, 단 미소, 양파 식초가 무슨 소용인가?' 하는 생각이 들었다.

음식을 만들 때 재료를 이리저리 조합하는 일을 번거롭다고 느끼지 않았기 때문이다.

그런데 아베 쓰카사 씨의 말대로 **미리 만들어뒀더니 얼마나 편리한지**를 새삼 깨달을 수 있었다.

내 부모님은 평범한 일본 음식을 파는 식당을 운영하셨다. 그래서 나는 어릴 적부터 '일식'을 많이 좋아했다.

'일식'만큼 일본인의 삶에 어울리는 먹거리는 **없다**고 생각해 왔다.

매일같이 밥과 미소국과 달걀을 먹어도 질리지 않으니까 말이다.
'질리지 않는다'는 말은 '몸에 잘 맞는다'는 의미일 것이다.
그런데 지금 그 '일식'이 젊은이들에게 홀대받다 못해 사라질 위기에 처해 있다.

일식 조리가 번거롭다는 것은 오해다.
전문 요리사가 만드는 일본 요리와 가정 요리가 미디어상에서 뒤죽박죽된 탓에 '일식'에 대한 기대 수준이 점차 높아졌기 때문일 수도 있다.

지치고 힘들 때 미소국 한 그릇이 얼마나 우리 몸 구석구석까지 스며들어 치유해 주는지를 떠올려 보자.

그런 의미에서 **다섯 가지 '마법 양념'은 조리의 수고를 덜어주어 '일식'을 훨씬 편안한 존재로 만들어 줄 것**이다.

이 책이 생활 속에 '일식'을 녹아들게 하고 다음 세대에게 잘 전달하는 계기가 되었으면 좋겠다.

2021년 8월 다카코 나카무라

지은이

아베 쓰카사 安部司

1951년 후쿠오카현의 농가에서 태어났다. 야마구치대학 문리학부 화학과를 졸업한 뒤 종합상사 식품과에 근무했다. 퇴직 후에는 해외에서 식품을 개발, 수입하는 외에 무첨가 식품 등의 개발, 전통 식품 부활 활동에 임하고 있다. NPO 구마모토현 유기농업연구회 JAS 판정원, 경제산업성 수질 제1종 공해방지 관리자를 맡으면서 식품 제조 관련 공업소유권(특허) 4건을 취득한 바 있다. 개발한 상품은 300개 이상이다. 일반사단법인 가공식품진단사협회 대표이사이기도 하다.

2005년에 발표한 『인간이 만든 위대한 속임수 식품첨가물』은 식품첨가물의 이용 현황과 식생활의 위기를 널리 알려 신문, 잡지, TV의 주목을 받는 등 큰 호응을 얻었다. 현재 70만 부 이상 판매되었고 중국, 대만, 한국에서도 번역 출간되었다. 그 외 저서로 『즉석식품-만드는 사람은 절대 먹지 않는』, 『인간이 만든 위대한 속임수 식품첨가물2 실태편』, 『「安心な食品」の見分け方どっちがいいか、徹底ガイド』 등이 있다.

요리사

다카코 나카무라

야마구치현 산요오노다시에서 일식당을 하는 부모님 슬하에 태어났다. 교토산업대학 경영학부를 졸업했다. 미국 유학 후, 안전한 먹거리와 삶과 농업, 환경은 떼어놓고 생각할 수 없다는 '홀푸드 (Whole Food)' 개념을 제안했다. 1989년 자연 소재 과자 브랜드인 브라운 라이스를 창업했고, 2003년에는 오모테산도에 브라운 라이스 카페를 열고 홀푸드 스쿨을 세웠다. 2006년에는 독립해서 '다카코 나카무라 홀푸드 스쿨'을 세웠다. 2008년에는 일반사단법인 홀푸드협회(https://whole-food.jp)를 설립해 대표이사를 맡았다. 2011년에는 오타구 센조쿠이케를 연고지로 키친 스튜디오를 열어 홀푸드를 알리고 있다. 요리사로서 '50℃ 세척', '채소 육수', '소금 누룩', '슈퍼 푸드' 등 먹거리 관련 트렌드를 만들어왔다. 안전한 식자재, 유기농 식자재를 이용한 건강한 요리 레시피 개발과 발효식 레시피 개발에 정평이 나 있다.

아베 쓰카사 씨와는 20년간의 인연을 살려 집밥 해 먹기와 일식 부흥을 목표로 활동 중이다. 배우자는 유명 이탈리아 음식점 '리스토란테 아쿠아파짜'(https://acqua-pazza.jp)의 오너 셰프인 히다카 요시미 씨다.

옮긴이

정문주

한국외국어대학교 통번역대학원 졸업 후 통·번역가, 출판기획자, 일본어 강사, 저자로 활약 중이다. 국내 최대 출판기획사 엔터스코리아에서도 활발히 번역 활동 중이다.

주요 역서로는 『사장 공부』, 『손정의 경영을 말하다』, 『싫은 일은 죽어도 하지 마라』, 『사회생활: 시작편』, 『나는 왜 소통이 어려운가』, 『새벽형 인간』, 『시골빵집에서 균의 소리를 듣다』, 『일상적인 것이 가장 정치적인 것이다』, 『이것이 바로 민주주의다!』, 『관저의 100시간』, 『소비를 그만두다』, 『시골빵집에서 자본론을 굽다』, 『당신을 지배하고 있는 무의식적 편견』, 『천연균에서 찾은 오래된 미래』, 『학교의 당연함을 버리다』, 『세상에서 가장 쉬운 생물진화 강의』, 『기억력을 5배 높이는 3분 기억술』, 『세계사의 정석』, 『당신의 라이프스타일을 중개합니다』 등이 있다.